高等学校适用教材

工程制图与三维设计习题集（3D版）

主　编　王海华　刘韶军

副主编　吴红丹　梅树立

参　编　李　丽　张彦娥　刘自萍　刘迎春

潘白桦　杨小平　乌云塔娜　戴　飞

机械工业出版社

本习题集主要为适应信息时代和“新工科”建设背景下的工程图学教育改革，贯彻“培养具有创新精神和实践能力的高级专门人才”的高等教育目标而编写。

本习题集与中国农业大学吴红丹、李丽主编的《工程制图与三维设计（3D版）》教材配套使用，习题内容编排与教材相适应。突出了三维建模能力的培养和利用三维模型辅助读、画图能力的培养。

本习题集主要内容包括：三维实体造型软件基础、制图基本知识、投影基础、组合体的构形及表达、图样画法、轴测图、零件图与零件的建模、常用零部件表达、装配体三维建模与装配图和电气制图。

本习题集可供高等学校本科近机械类、非机械类各专业学生在学习“工程制图”相关课程时使用，也可供函授大学、电视大学、成人教育相关专业的师生和工程技术人员参考。

图书在版编目（CIP）数据

工程制图与三维设计习题集：3D版/王海华，刘韶军主编. —北京：机械工业出版社，2021.1（2024.6重印）
高等学校适用教材
ISBN 978-7-111-67353-8

Ⅰ.①工… Ⅱ.①王… ②刘… Ⅲ.①工程制图-高等学校-习题集 Ⅳ.①TB23-44

中国版本图书馆CIP数据核字（2021）第017661号

机械工业出版社（北京市百万庄大街22号 邮政编码100037）
策划编辑：舒 恬 责任编辑：舒 恬 王勇哲
责任校对：李 婷 封面设计：张 静
责任印制：常天培
北京机工印刷厂有限公司印刷
2024年6月第1版第4次印刷
260mm×184mm · 7.75印张 · 189千字
标准书号：ISBN 978-7-111-67353-8
定价：25.00元

电话服务
客服电话：010-88361066
010-88379833
010-68326294
封底无防伪标均为盗版

网络服务
机 工 官 网：www.cmpbook.com
机 工 官 博：weibo.com/cmp1952
金 书 网：www.golden-book.com
机工教育服务网：www.cmpedu.com

前　言

为满足“新工科”背景下人才培养的要求，改革“工程制图”课程体系及教学内容势在必行。当前，以参数化三维实体设计为标志的现代设计与制造技术在工业产品设计中已得到广泛应用。在此背景下，本书编者根据教育部高等学校工程图学课程教学指导分委员会对课程教学的基本要求和国家最新标准及规范，结合参编人员多年的课程教学和教改经验，采纳多位专家的合理建议，编写了本习题集。本习题集与配套的中国农业大学吴红丹、李丽主编的《工程制图与三维设计（3D版）》教材同步出版，并配有全套习题集的电子资源。

本习题集主要特点包括：①精简传统的点、线、面和体的投影，以及截交、相贯和组合体等内容，改进了构形设计的内容，有利于培养学生的创造性思维和工程素质；②与“立体”相关的大部分习题均给出三维实体造型或轴测图，便于将“体”与“投影”对照，降低二维传统内容的学习难度；③加强对计算机三维建模技能的练习，利用三维设计软件的直观建模功能，将其既作为教学内容又作为教学辅助工具，帮助学生掌握立体与其投影相互转换过程的对应关系、尺寸标注与三维建模的关系，使传统内容与现代技术有机融合；④突破传统内容，创新性地以三维设计为主线，配套题目设计也较为新颖；⑤部分习题给出了作业指导或提示，帮助学生更快地掌握各章要领；⑥与配套教材紧密配合，确保学生在课后进行恰当的练习和足够的训练，以巩固教学内容。

本习题集由王海华、刘韶军任主编，吴红丹、梅树立任副主编。各章编写人员为：中国农业大学王海华（第一章、第七章、第十章）、张彦娥（第二章）、李丽（第三章）、刘韶军（第四章、第九章）、吴红丹（第五章）、梅树立（第六章），以及北京联合大学刘自萍（第八章）。此外，在编写过程中刘迎春、潘白桦、杨小平、乌云塔娜、戴飞等也做了大量的工作。

本习题集的编写基于中国农业大学计算机图学研究室广大教师多年来的教学经验，在此向相关教师表示衷心的感谢。

本习题集由焦永和教授审阅，焦教授对本习题集提出了许多宝贵的意见和建议，在此表示衷心的感谢。

由于新一轮基于三维数字化的“工程制图”课程教学改革正在进行中，许多问题仍处于探索阶段，我们愿为这一轮的教学改革做些尝试。限于我们的水平，本习题集难免存在错漏和欠妥之处，敬请读者批评指正。

编　者

目　　录

1-1　SOLIDWORKS 操作基础

1. 在 SOLIDWORKS 中绘制给定草图，并按要求完成构形。

拉伸特征

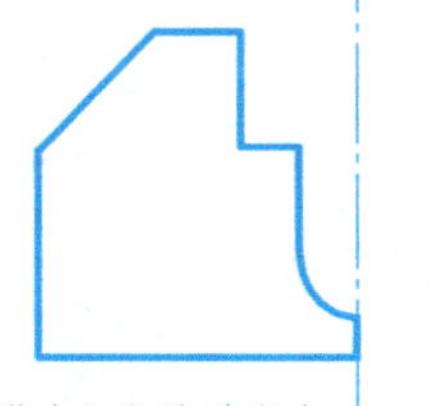

绕中心线(与边线重合)的旋转特征

(3)

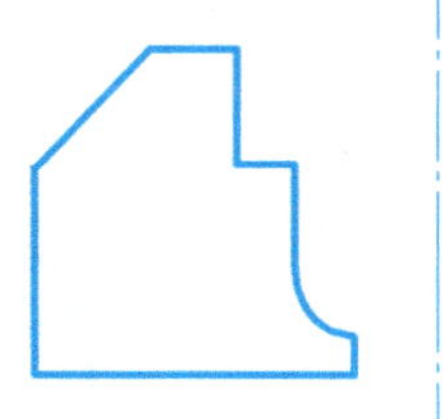

绕中心线的旋转特征

2. 选择不同的显示方式观察上面所建立的几个三维模型。

以第 1 题中的（3）为例，分别以消隐、隐藏线以虚线显示、带边线上色和剖切方式显示模型。

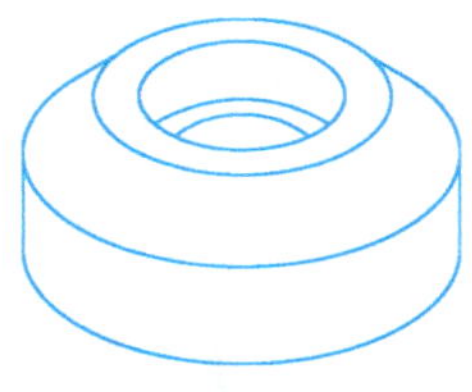

a) 消隐

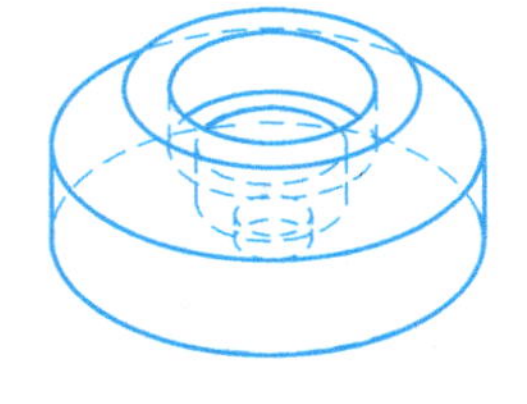

b) 隐藏线以虚线显示

c) 带边线上色

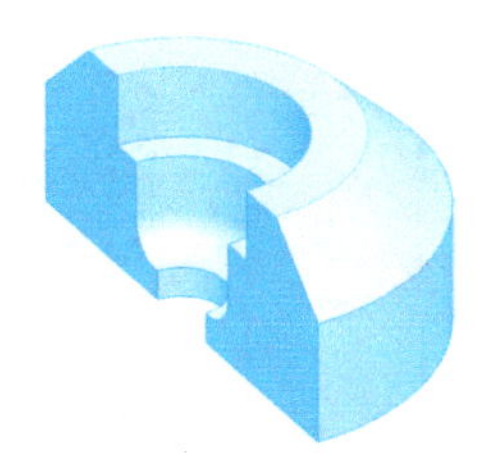

d) 剖切

1-2　轴承座三维建模

要求：

1）了解草图及特征的含义。

2）能够建立简单草图，并生成相应特征。

3）能够熟练操纵并观察模型。

步骤：

1）新建零件文件。从桌面或开始菜单中运行 SOLIDWORKS，并新建零件文件，命名为“轴承座 . SLDPRT”。

2）单击界面左侧“特征管理器”中的“上视基准面”，选择插入“绘制草图”。利用构造中心线、直线、圆、圆角等草图绘制工具，绘制如图 a 所示的草图并标注尺寸。

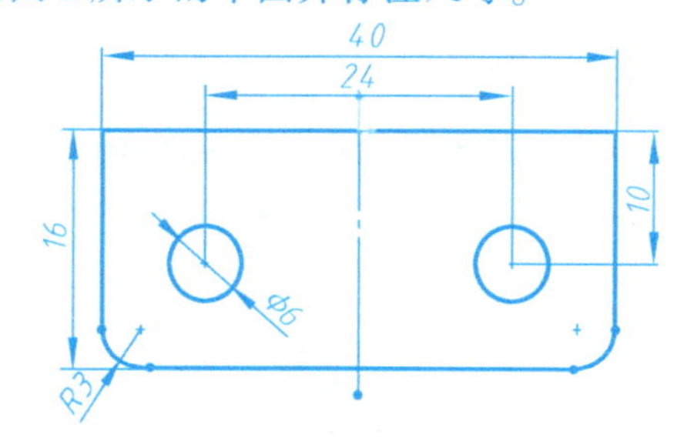

a) 绘制底座草图

3）不退出草图，直接激活“拉伸凸台”特征命令，设置凸台高度为 6mm，如图 b 所示，得到的效果如图 c 所示。

b) 设置凸台高度

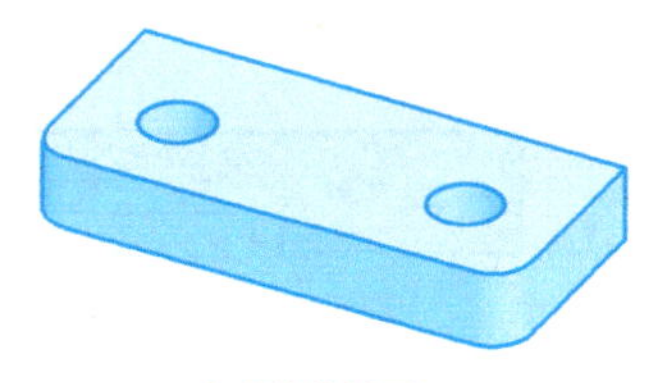

c) 底座拉伸效果

1-2　轴承座三维建模（续）

4）以前视基准面为草图基准面，绘制如图 d 所示的 16mm×2mm 的矩形，并利用几何关系约束，使底边中点与原点重合。激活“切除-拉伸”命令，选择“完全贯穿”，如图 e 所示。切出底槽，如图 f 所示。

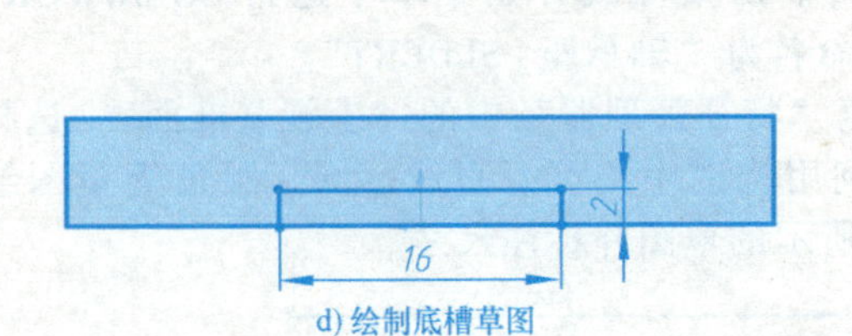

d) 绘制底槽草图

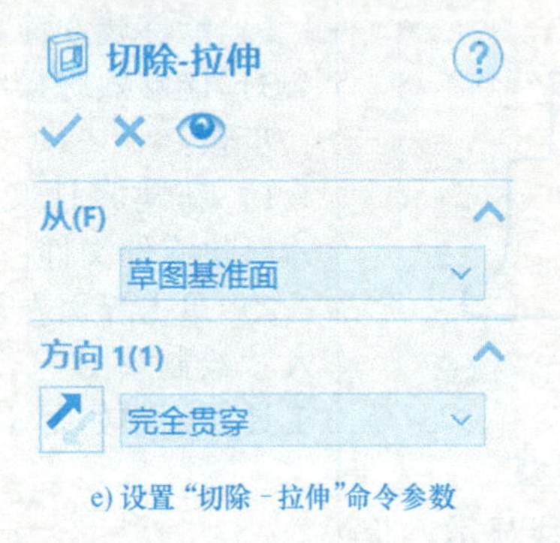

e) 设置“切除－拉伸”命令参数

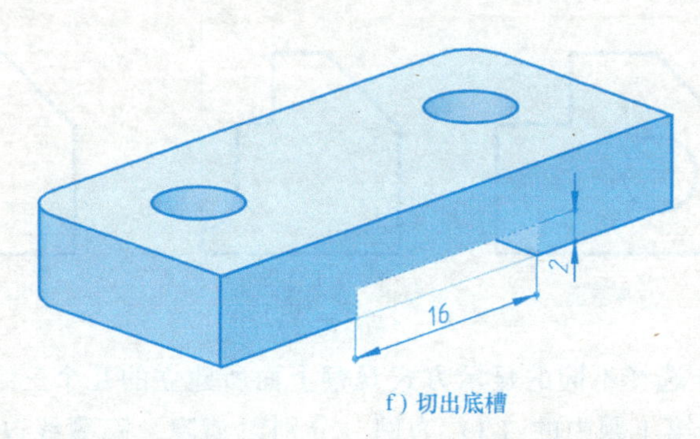

f）切出底槽

5）同步骤 4），以前视基准面为草图基准面，建立并完全定义草图，如图 g 所示。激活“拉伸凸台”命令，参数设置如图 h 所示，方向 1 深度为 12mm，方向 2 深度为 4mm。拉伸得到空心圆柱，如图 i 所示。

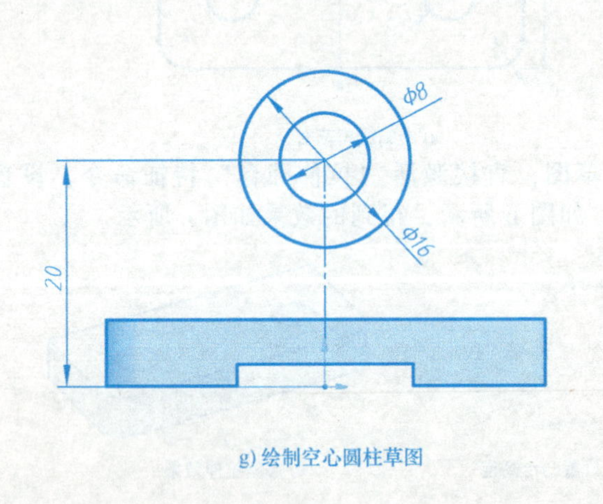

g) 绘制空心圆柱草图

h) 设置“拉伸凸台”命令参数

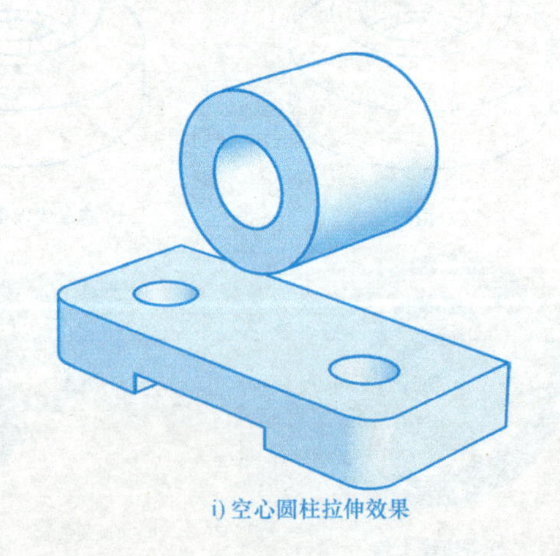
i) 空心圆柱拉伸效果

1-2　轴承座三维建模（续）

6）在前视基准面上绘制如图 j 所示的支撑板草图，底边长为 34，且与空心圆柱外圆柱面相切。注意，为了得到如图 k 所示的封闭草图轮廓，可使用“转换实体引用”和“剪裁”命令生成图中圆弧和底边线段。退出草图并拉伸出厚度为 5mm 的支撑板，如图 l 所示。

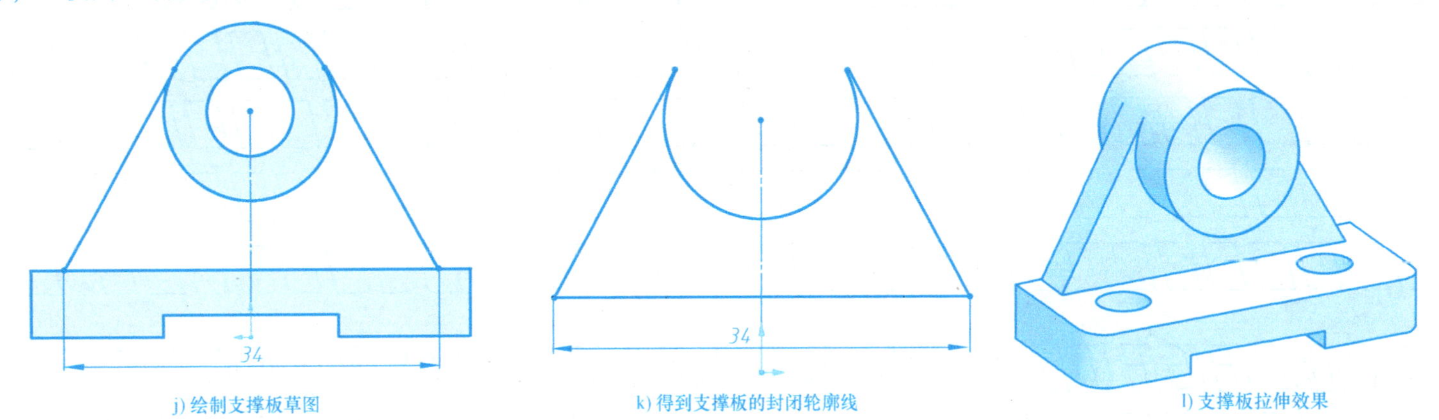

j) 绘制支撑板草图　　k) 得到支撑板的封闭轮廓线　　l) 支撑板拉伸效果

7）以右视基准面为草图基准面，绘制如图 m 所示的由两条线构成的不封闭草图轮廓。注意斜线下端点与底板边线具有穿透几何关系约束。激活“筋”特征命令，参数设置如图 n 所示，筋厚度为 10mm。最终效果如图 o 所示。

m) 绘制筋的草图　　n) 设置筋的参数　　o) 轴承座最终效果

2-1　数字及字母练习

1234567890123456789012345678900 ΦR

ABCDEFGHIJKLMNOPQRSTUVWXYZABCDXYZ

abcdefghijklmnopqrstuvwxyzabcdxyz

2-2　长仿宋体字练习

机械制图姓名审核材料比例设计标准序号备注体

技术要求件数重量零件尺寸转速视图装配轴支架

箱盖齿轮泵阀器螺栓孔深钉柱母销垫圈键圆配合

2-3 标注尺寸基本练习

1. 图中给出了需要标注线性尺寸的尺寸界限和尺寸线，请在合适的位置上填画箭头和填写尺寸数字（按实际测量长度取整）。

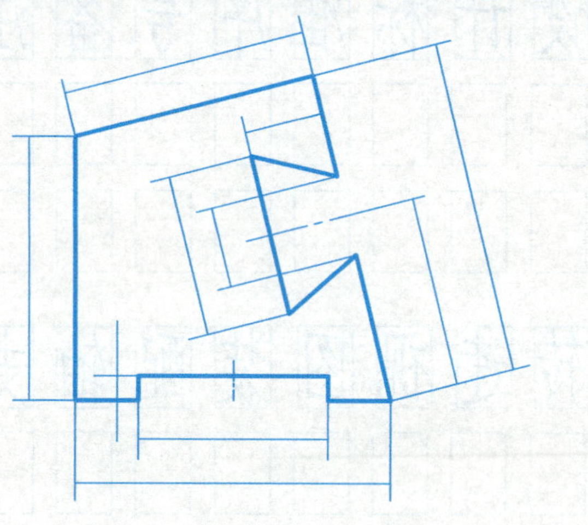

2. 图中给出了需要标注角度尺寸的尺寸界限和尺寸线，请在合适的位置上填画箭头和填写尺寸数字（按实际测量角度取整）。

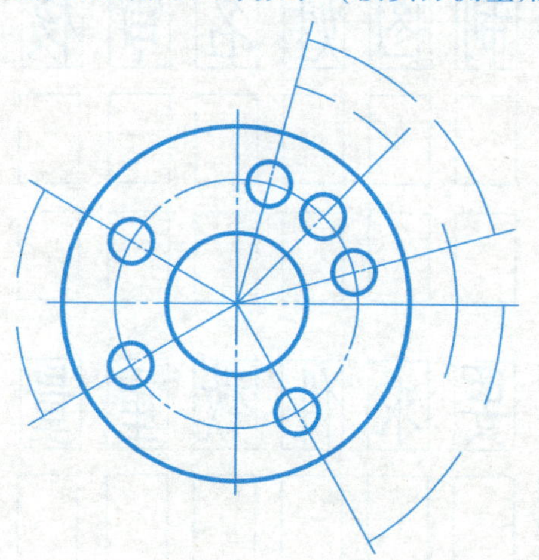

3. 正确标注图中给出的圆弧或圆的尺寸（按实际测量长度取整）。

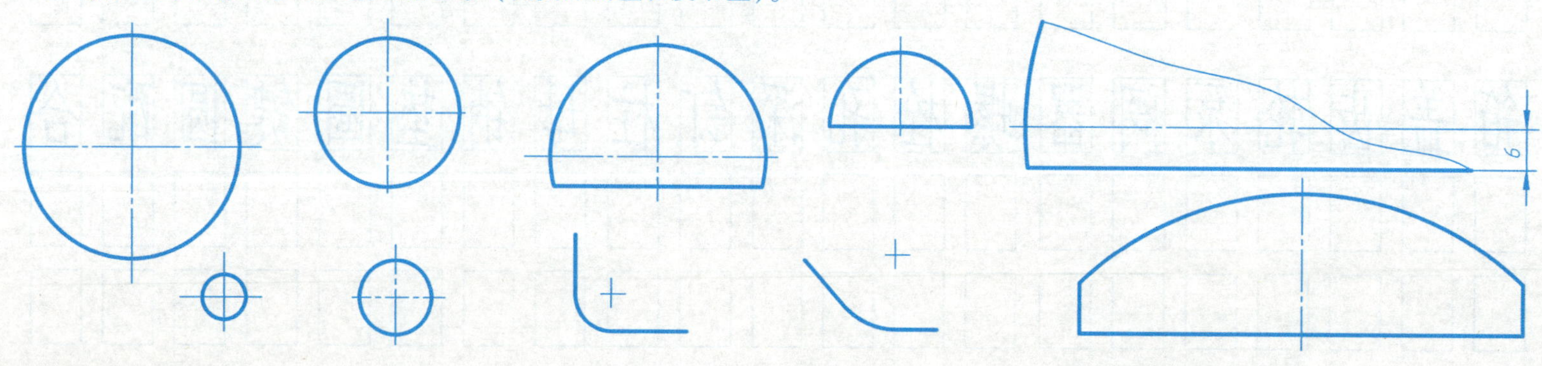

2-4　指出上方图形中标注尺寸的错误之处（画叉），并在下方图形上完成正确的尺寸标注

1.

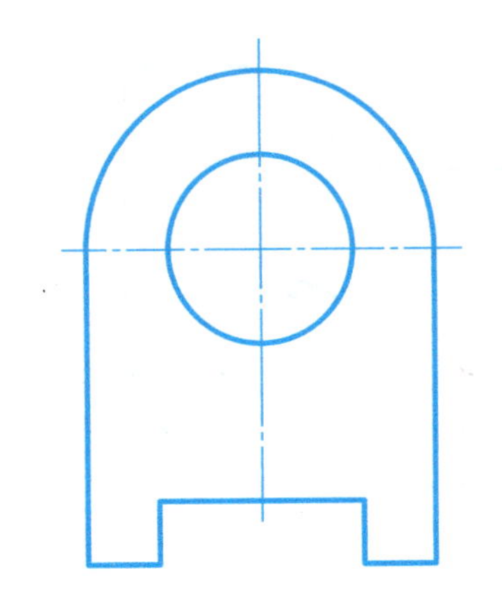

2.

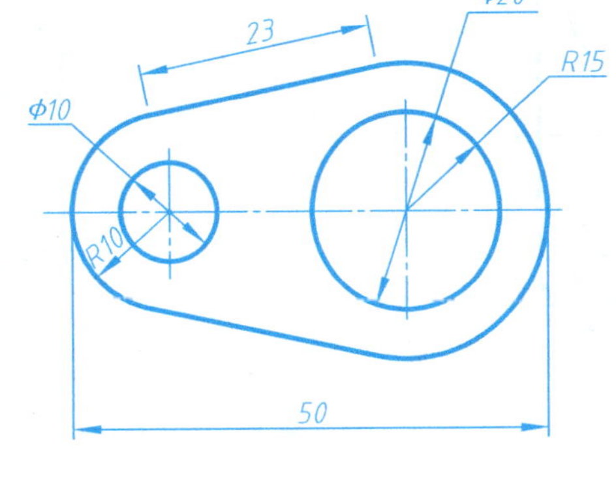

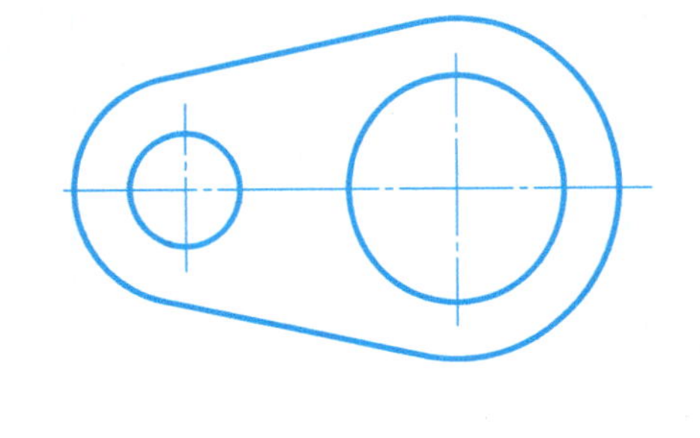

3.

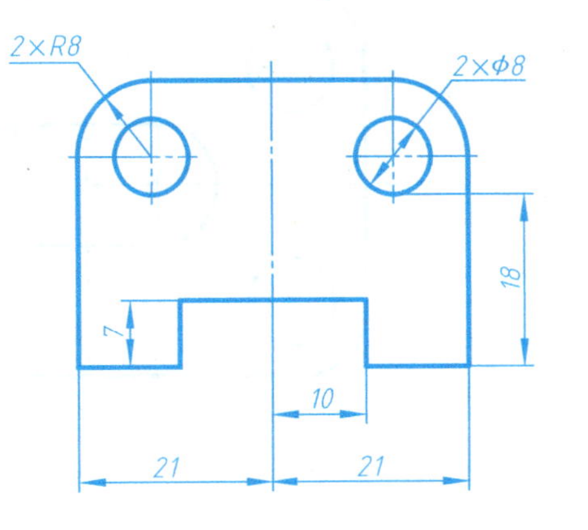

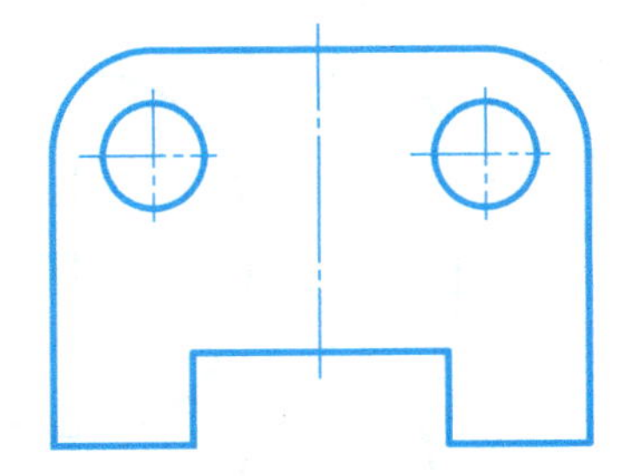

2-5　给下列平面图形标注尺寸（按 1：1 的比例量取，并取整）

1.

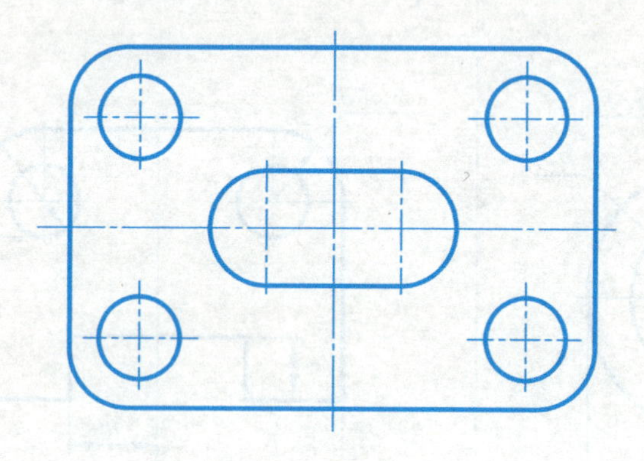

2.

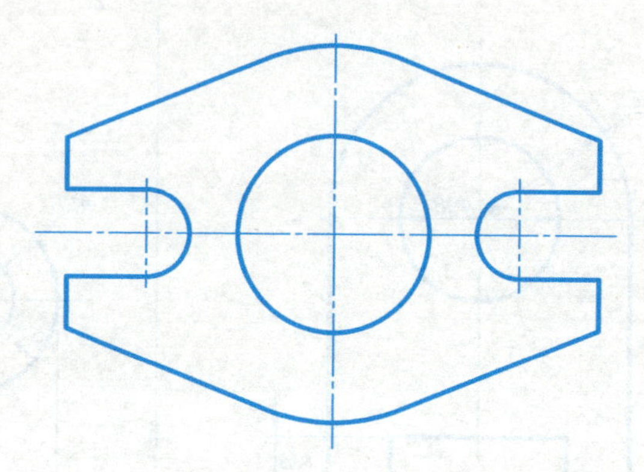

3.

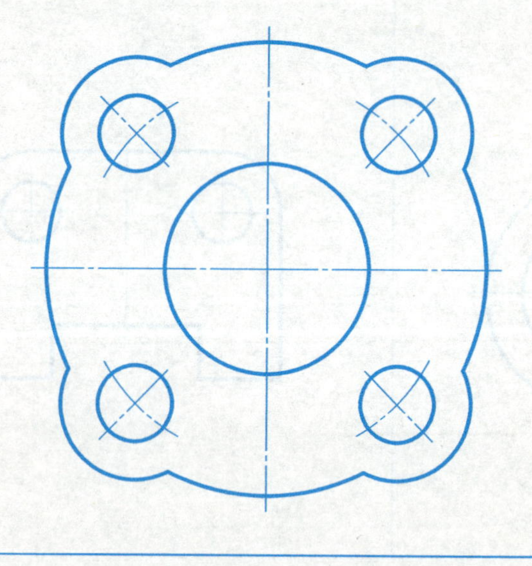

4.

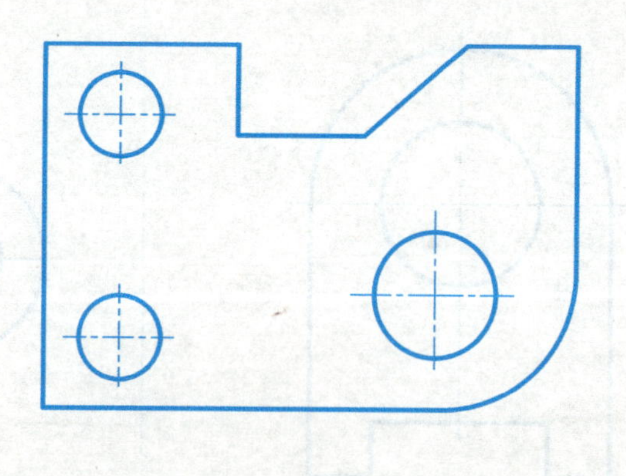

2-5　给下列平面图形标注尺寸（按 1 : 1 的比例量取，并取整）（续）

5.

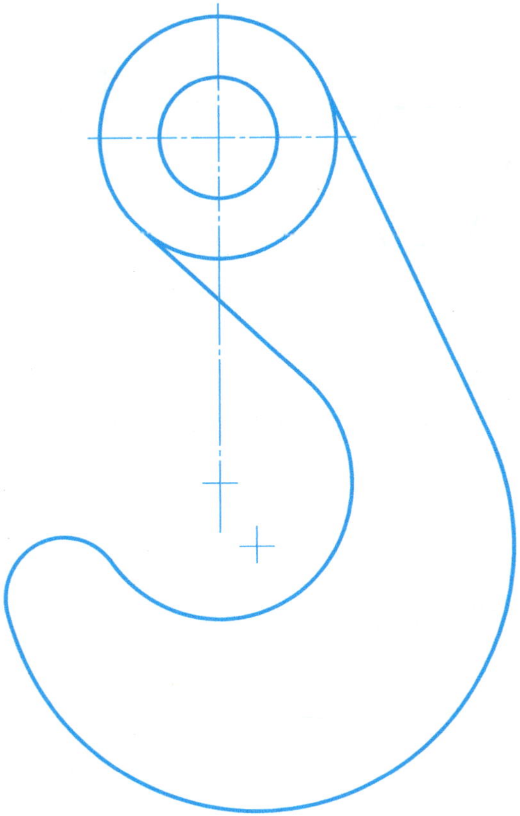

6.

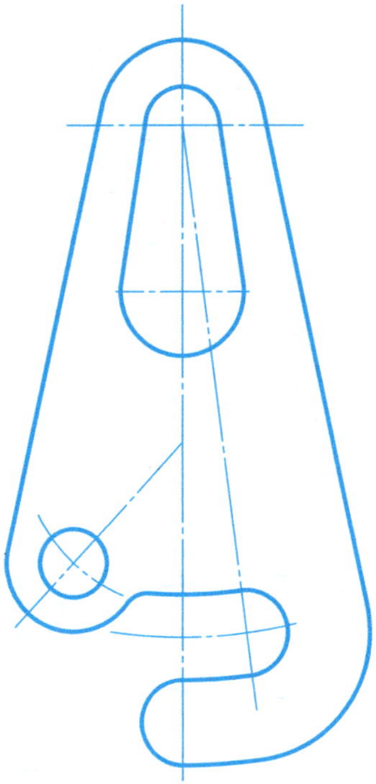

2-6　参考绘图步骤，在指定位置完成相应平面图形

1. 在右侧绘制对边距离 $e=27$mm 的正六边形。

绘图步骤：首先绘制中心对称线，作两条水平线使其距离水平对称线相等且均为 $e/2$；然后过中心直接用60°三角板作出上下两边上的四个顶点；然后过顶点作60°线交水平中心线确定另外两个顶点，并连线成正六边形。

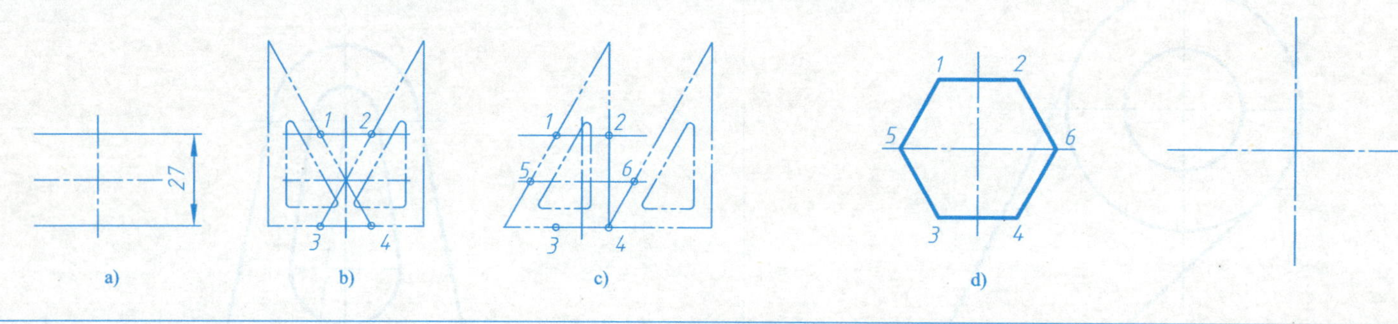

2. 在下方绘制带锥度图形。

绘图步骤：首先绘制左侧锥角和几条水平、垂直方向的直线；然后根据锥度定义，在轴线处分别在 X 方向量取60mm，Y 方向上、下分别量取5mm，绘制锥度线的方向，然后在对应投影位置绘制平行线；最后绘制右端的矩形。

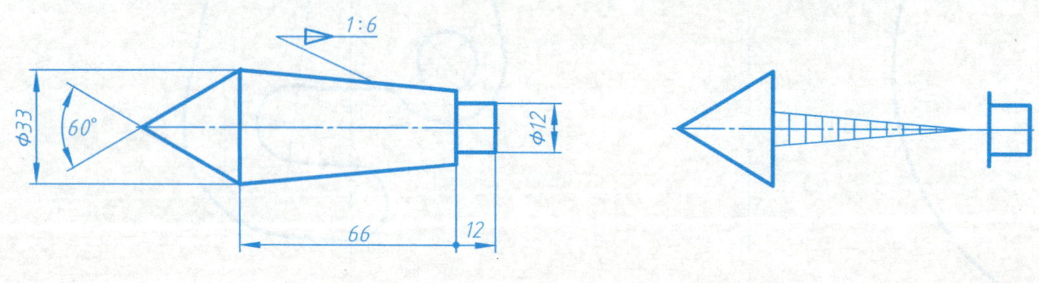

2-6　参考绘图步骤，在指定位置完成相应平面图形（续）

3. 圆弧连接。

连接圆弧的画法是平面作图的技巧，难点主要在于确定连接圆弧的圆心位置，具体方法原理如下：

1）与直线相切的连接圆弧，它的圆心轨迹是一条平行于已知直线，且与之距离为连接圆弧半径的直线，如图 a 所示。

2）与圆弧外切的连接圆弧，它的圆心轨迹是已知圆弧的同心圆，其半径是连接圆弧半径与已知圆弧半径之和，$L=R+r$，如图 b 所示。

3）与圆弧内切的连接圆弧，它的圆心轨迹也是已知圆弧的同心圆，其半径是连接圆弧半径与已知圆弧半径（或已知圆弧半径与连接圆弧半径）之差，$L=R-r$，如图 c 所示。

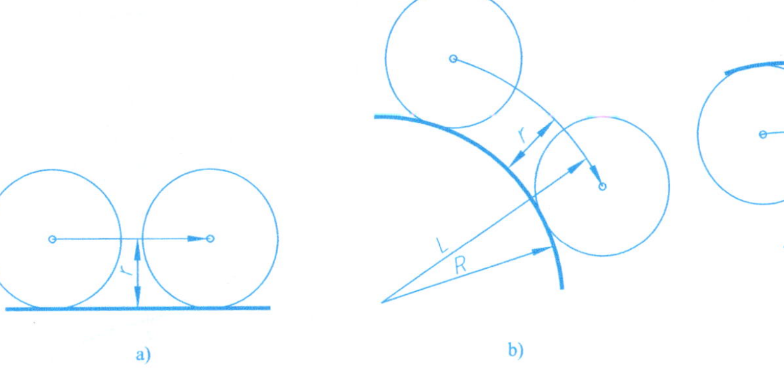

a)　　b)　　c)

连接圆弧的圆心由与它相连接的两个线（弧）段相切的圆心轨迹的交点来决定。然后，根据连接圆弧的圆心位置，确定切点，再绘制圆弧。

绘图示例：

另附纸抄画如图 d 所示图形。

首先分析该图形，已知弧段应为两侧的 $\phi40$ 和 $\phi20$ 两个圆弧。而 $R50$ 和 $R20$ 应该是两个连接弧段。其中，$R50$ 的弧段与两个已知弧段分别内切，而 $R20$ 弧段与两个已知圆弧分别外切。

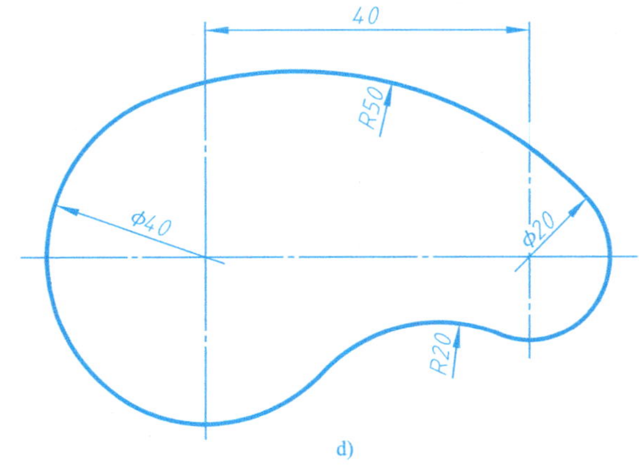

d)

2-6　参考绘图步骤，在指定位置完成相应平面图形（续）

绘图步骤：

1）首先绘制两侧的已知弧。

2）绘制半径为 20 的圆弧，该圆弧与两个已知弧段相外切，圆心确定为半径之和，如图 e 所示；找到切点，再绘制圆弧。

3）绘制半径为 50 的圆弧，该圆弧与两个已知弧段相内切，圆心确定为半径之差，如图 f 所示；找到切点，再绘制圆弧。

作业要求：读懂后，按照绘图步骤，在下方绘制图形。

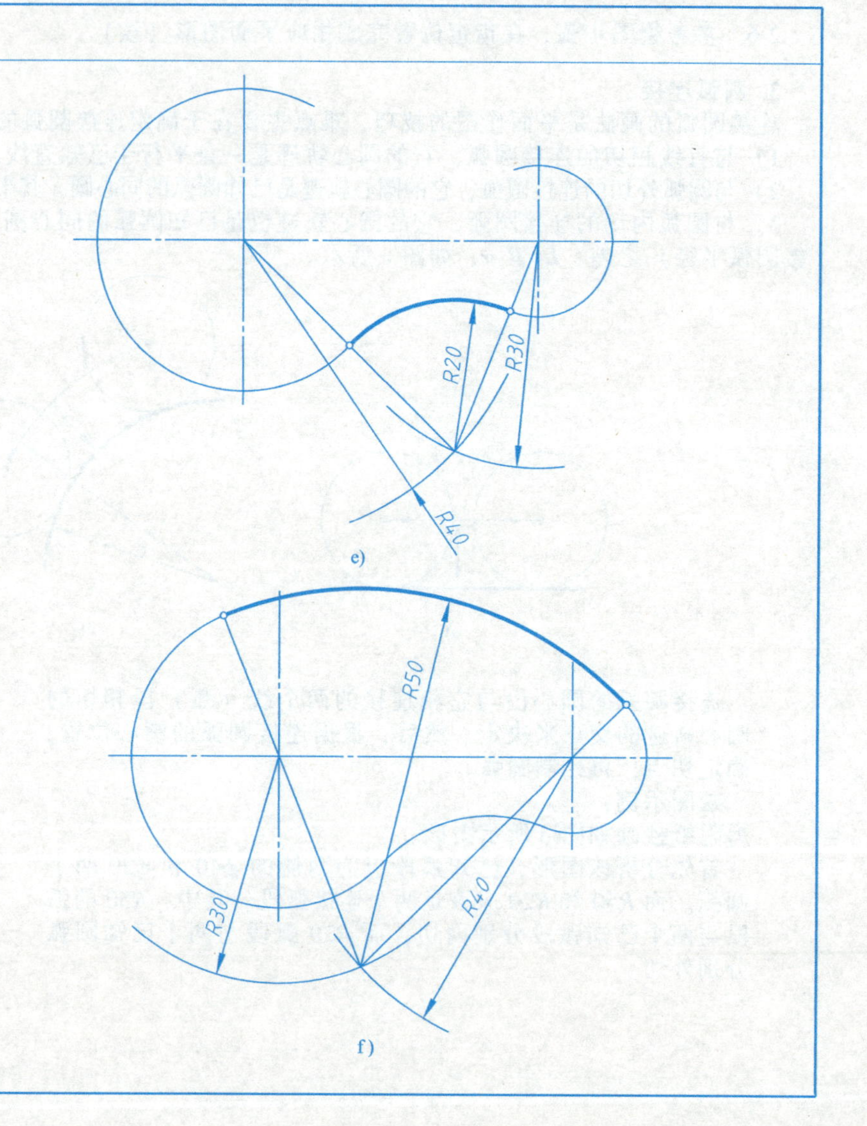

2-7 根据已知尺寸，分析几何约束关系，并按 1∶1 的比例绘制平面图形

1. 几何关系分析示例：

图形中的圆弧和直线有相切、对称、垂直等几何关系。除圆弧和直线外，正方形的中心与圆 a 同心，正六边形的中心与圆 b 同心，两圆心连线为水平线。

其中，圆 a、b 及水平直线 l 均为已知线段；$R10$ 弧与直线 l 和圆 a 相切，$R20$ 弧与直线 l 和圆 b 相切，且均为连接圆弧；图形整体关于水平中心线对称。

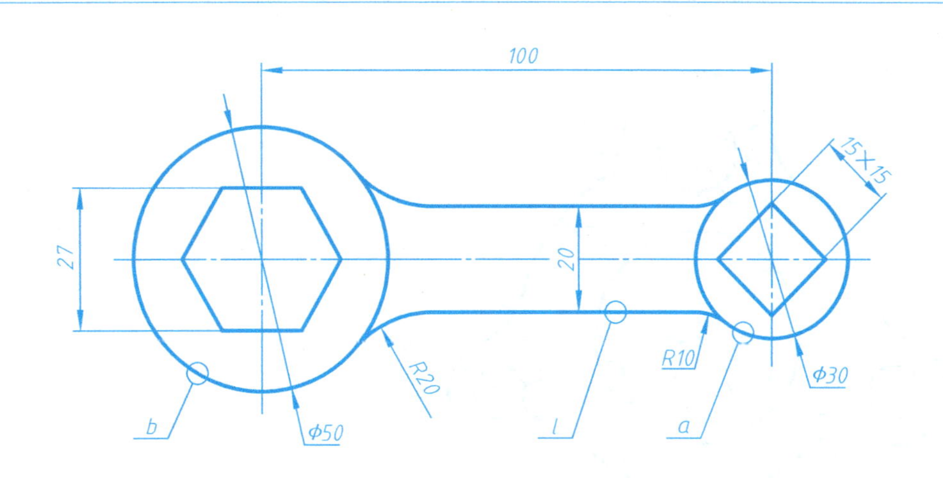

2-7　根据已知尺寸，分析几何约束关系，并按 1∶1 的比例绘制平面图形（续）

2.

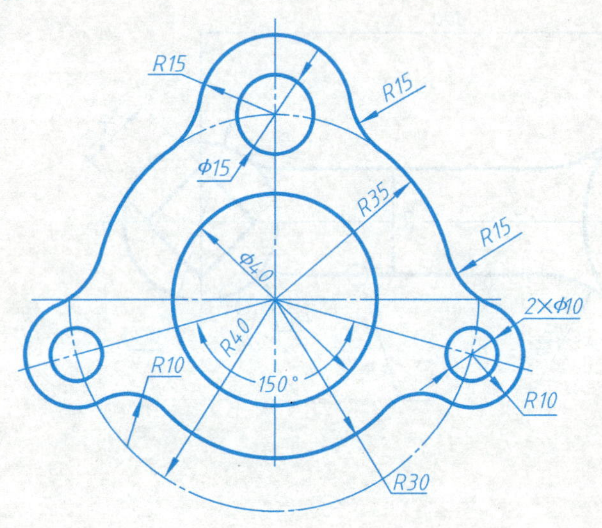

几何关系分析：

图形中有______个相等几何关系，分别为：

____。

其他几何关系有：

____

2-8　按照所给步骤，应用软件绘制草图，认识几何约束与参数驱动的关系

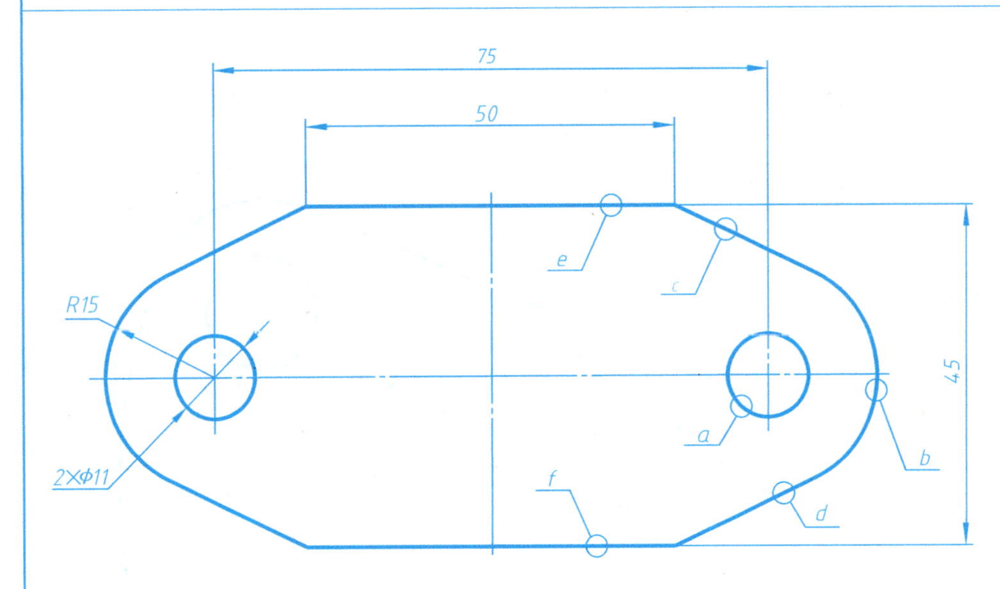

（1）几何关系分析

首先图形的水平和竖直对称线均通过中心，说明图形关于 X 轴和 Y 轴对称，水平尺寸 50 进一步表示了上下水平线等长；从两侧竖直中心线和尺寸标注可以知道两侧的圆弧 b 和小圆 a 具有同心关系；而圆弧 b 和上下两侧倾斜线段 c、d 具有相切关系。

（2）绘图环境设置

打开 SOLIDWORKS 软件“工具”菜单中的“自定义”，选择“命令”下的“草图”项，拖动“动态镜像实体”到草图常用命令栏。

“工具”下选择“选项”，在面板里的“草图”项中，同时勾选“在生成实体时启用荧屏上输入数字”和“仅在输入值的情况下创建尺寸”。

（3）操作步骤

1）从原点绘制竖直中心线（草图中的中心线一般只是为几何关系需要而画），激活动态镜像实体。

2）取其中点绘制水平中心线，取右侧端点作圆心绘制圆 a。

3）过竖直中心线的端点分别绘制由水平线 e、斜线 c、相切弧段 b、斜线 d 和水平线段 f。

4）按参考图中所给尺寸为图形标注尺寸，生成完全定义图形。

（4）几何约束和尺寸驱动

由于采用了动态镜像设置，则保证了左右的对称关系；水平中心线是从竖直中心线的中点引出，保证了上下等距离关系；此外，还需要保证直线与圆弧的相切关系和上下水平线端点的竖直对齐关系。

绘制图形后，可以试着改变尺寸大小，了解尺寸驱动的意义。如果想了解上述约束和驱动的关系，可以在删除上述几何关系的情况下，改变水平线长度或总高度等尺寸，观察尺寸驱动的效果。

2-9 根据尺寸关系，分析草图的几何约束关系，完成草图绘制，并完全定义（实现正确的尺寸驱动）

1.

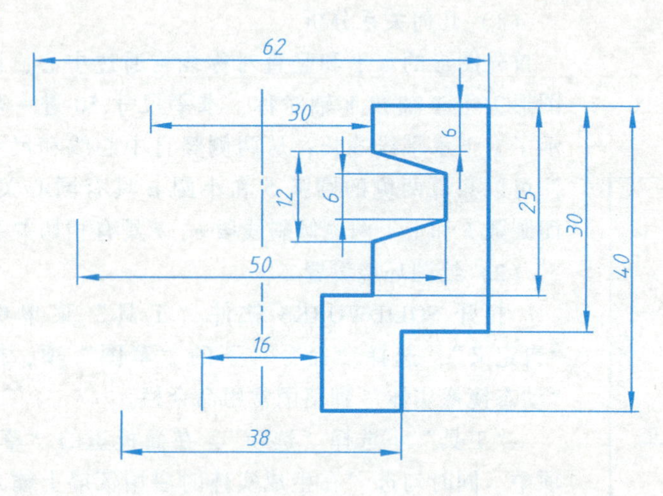

3.

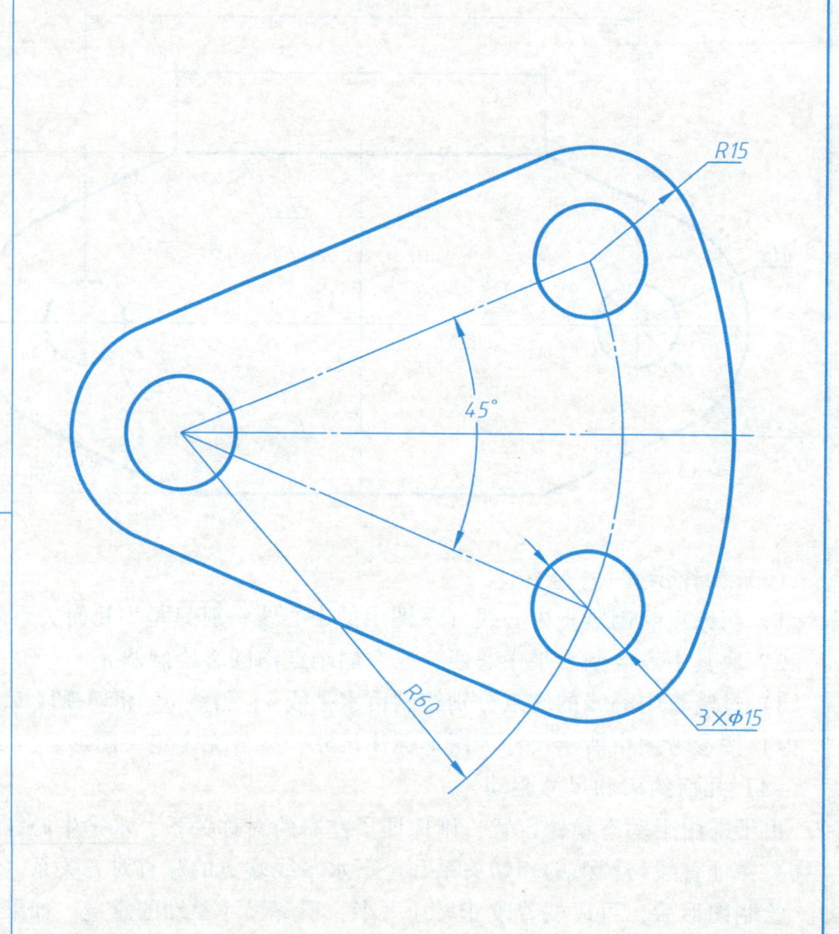

2.

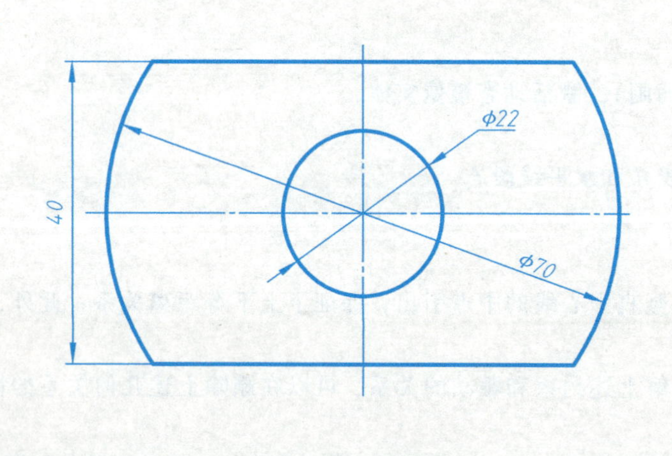

2-10　使用绘图软件完成草图绘制，并完全定义

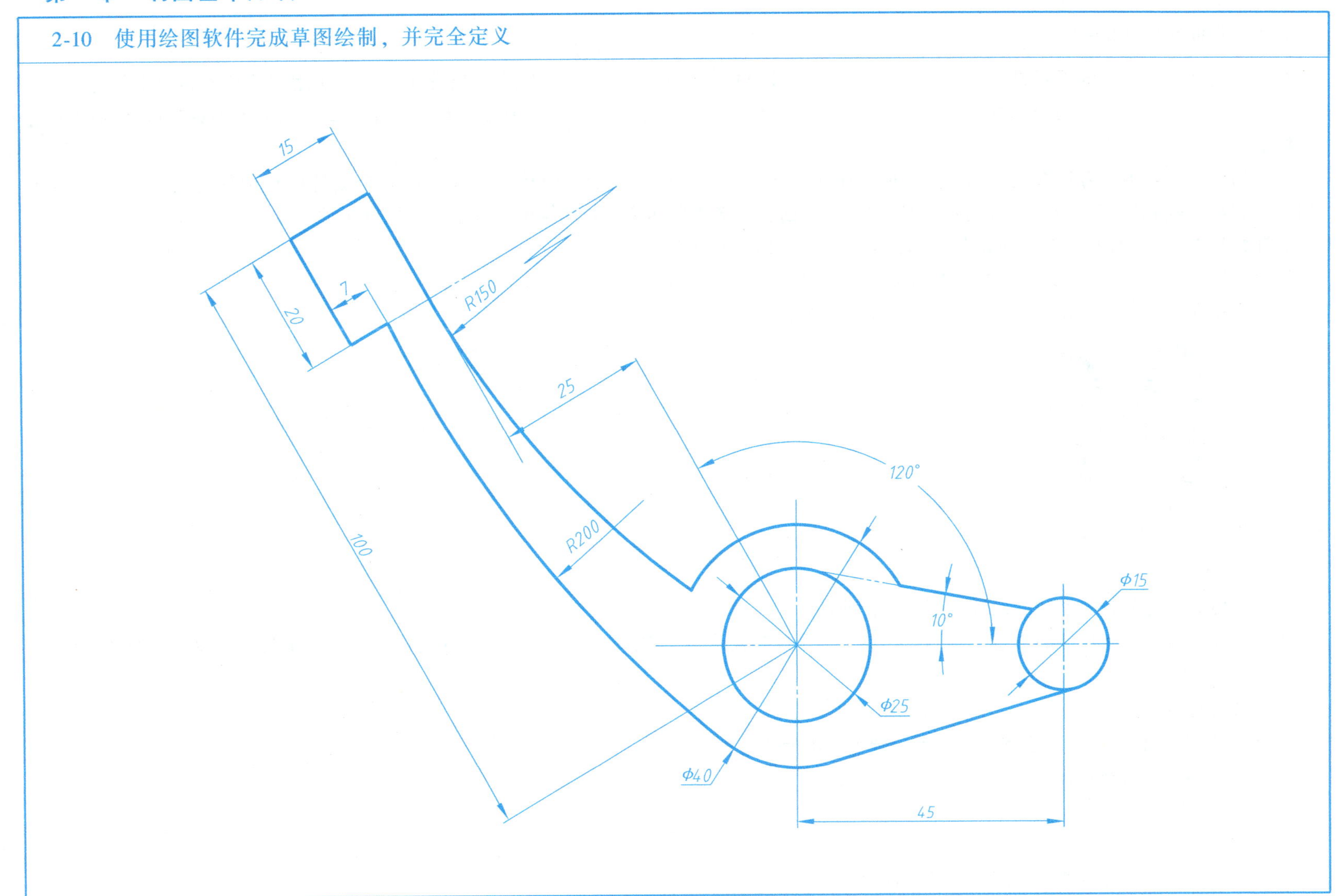

2-11　平面图形构形设计

在工业设计中，产品的外观设计、商标设计等大多会涉及曲线形状的设计。产品的外观设计一般是应用工程技术相关学科与美学、人机工程等多学科相结合的交叉技术。平面图形的构形设计是几何设计的一种初步训练，对于功能简单产品的外观设计或商标设计等比较适用。

生活和学习用具中，有很多大家熟悉且类似的曲线形状产品，如图 a 所示。请从以下列出的几个设计题目中任选其一（也可以自创），根据对该物品的认知和使用体验，发挥想象力、创造力来改进其外观和结构中的不足，完成其平面形状设计。

设计题目 1——设计挂耳式耳机的挂耳部分形状，并画出其平面图形。

设计题目 2——设计一种挂钩，用于悬挂衣物，并画出其平面图形。

设计题目 3——设计一款门把手，并画出其平面图形。

a) 设计物品示例

（1）设计要求

物品的功能结构部分的尺寸应设计合理，方便使用；

其他部分的设计应有独特的创意，具有实用性、美观性和趣味性。物品的平面图形应具有连接圆弧，要求具有不少于两个几何约束关系。

（2）设计任务

1）设计所选物品的结构，绘制设计草图，确定各部分结构尺寸。

2）请在右侧空白处画出设计物品的平面图形并标注尺寸。

3）编写设计说明书。

（3）设计参考案例

见下页图 b 所示小剪刀的平面图形及其设计说明书。

2-11　平面图形构形设计（续）

小剪刀设计说明书

设计小剪刀，并绘制剪刀的平面图形如图 b 所示。这是一把用于日常生活的剪刀，功能要求不高，只需能够满足一般生活中剪切、裁纸、开盖等需求。同时，要考虑经济性，尺寸也不需太大，只要使用方便、安全、舒适即可。

（1）功能设计

根据小剪刀的功能，将其设计成刀体和刀把两部分结构，由两片连接而成。

（2）构形设计

主要根据手持部分的舒适度要求、受力的状态和刀体及刀把的长度比例考虑刀把的形状设计。上侧有三个手指的工作位置，下侧是拇指的工作位置。在考虑孔的位置和手指的方向时，应将指孔设计成长圆孔更为合适。中指工作孔前、后的圆弧即为食指和无名指的工作位置。大拇指的工作孔处于食指孔和中指孔之间，偏向中指的位置。各工作部分之间均采用圆弧连接过渡，既安全又美观。

（3）尺寸设计

考虑裁纸的需要，刀体的长度设计为 50mm，刀把的长度主要根据一般人手的大小来确定，同时应考虑与刀体的比例。手指工作孔的尺寸根据一般人手指的形状和大小来确定。各部分的尺寸如图 b 所示。在标注尺寸时，因拇指是一个主要的用力点，故将其作为长度尺寸的基准。

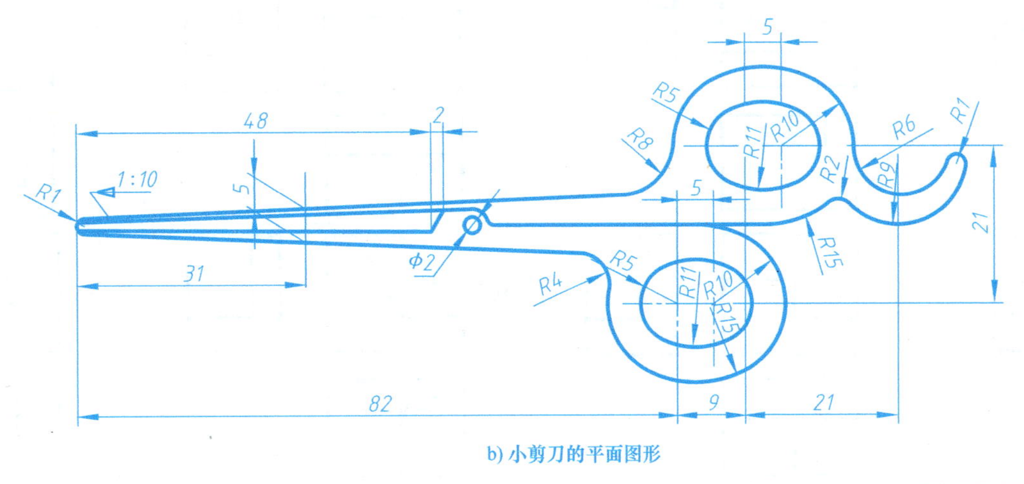

b) 小剪刀的平面图形

3-1　根据立体图找出对应的三视图（将立体图编号填在视图的括号内）

1.

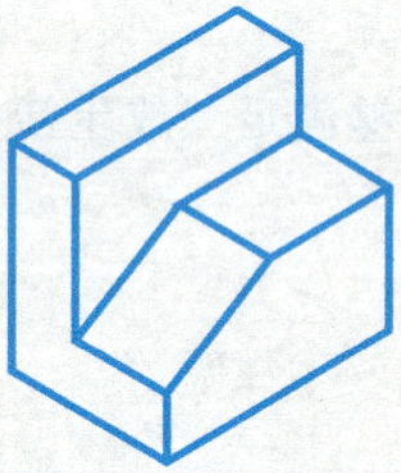

2.

3.

4.

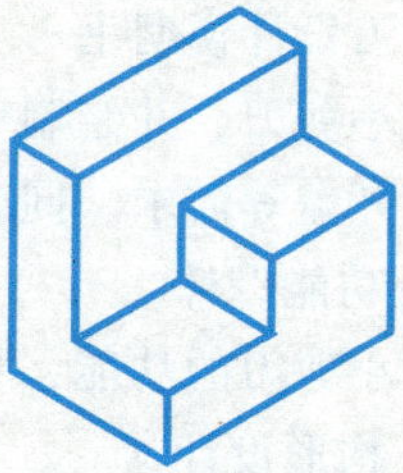

5.

6.

7.

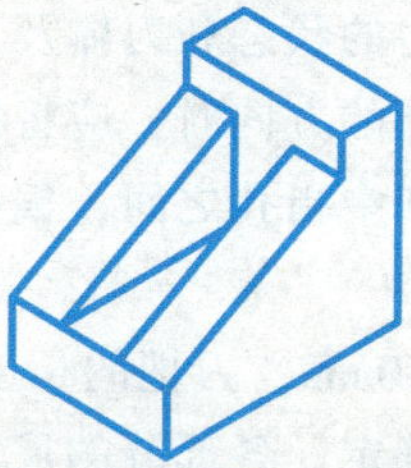

8.

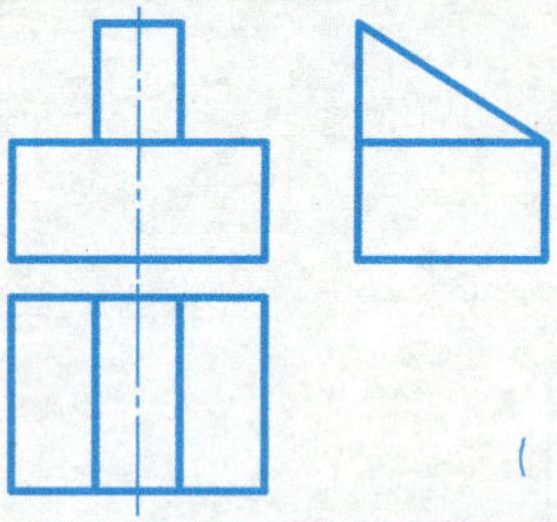

(　)

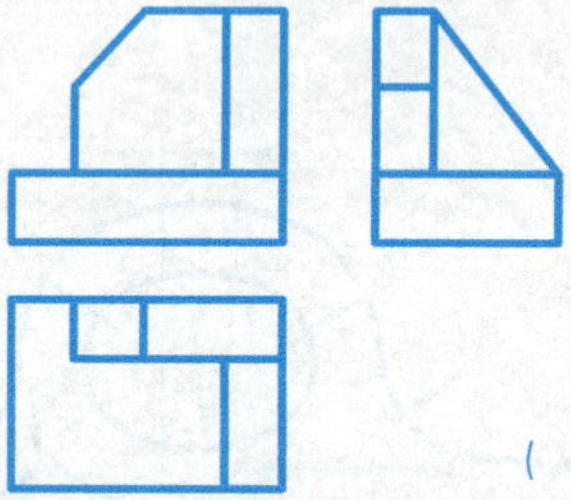

(　)

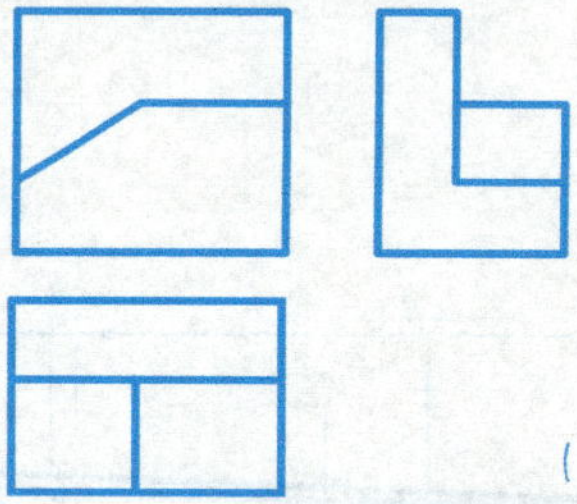

(　)

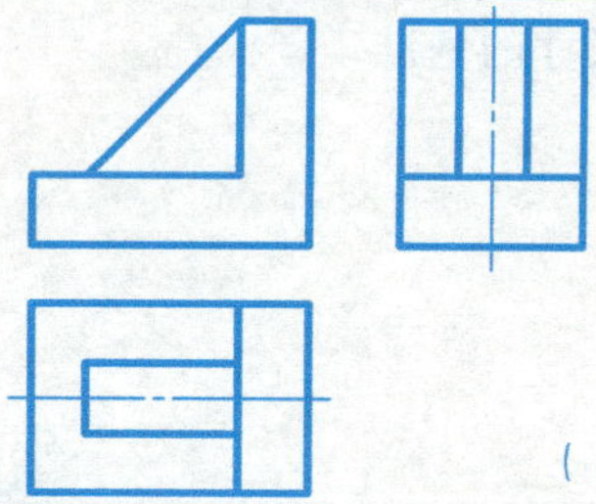

(　)

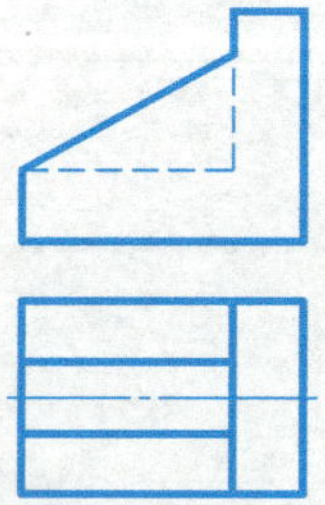

(　)

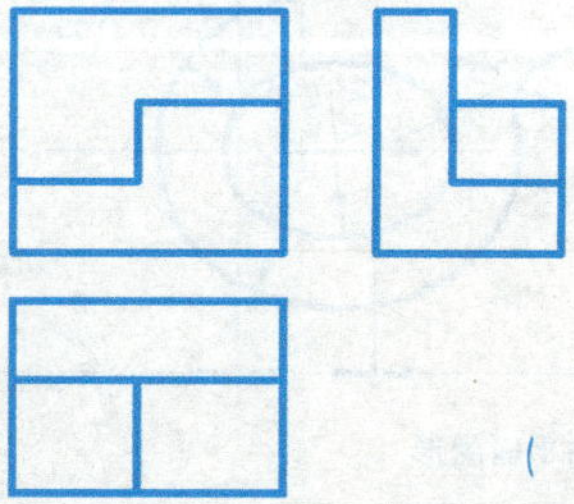

(　)

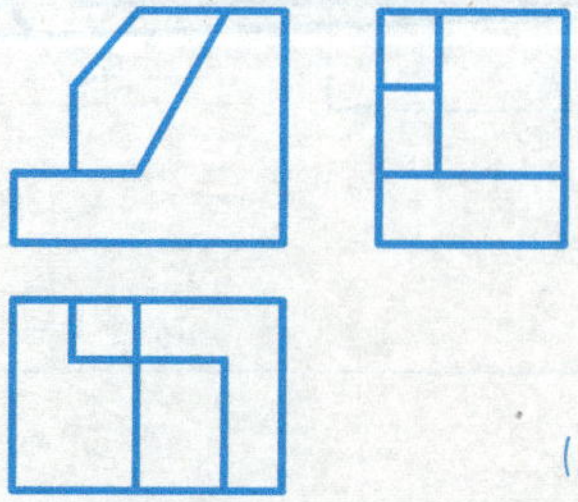

(　)

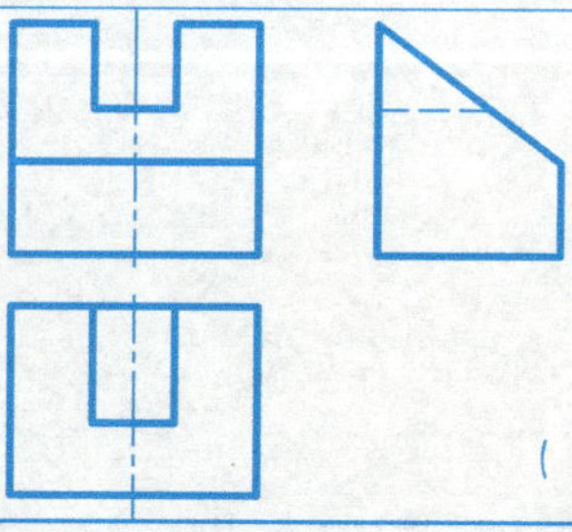

(　)

3-2　点的投影

1. 已知点的两面投影，求第三面投影。

(1)

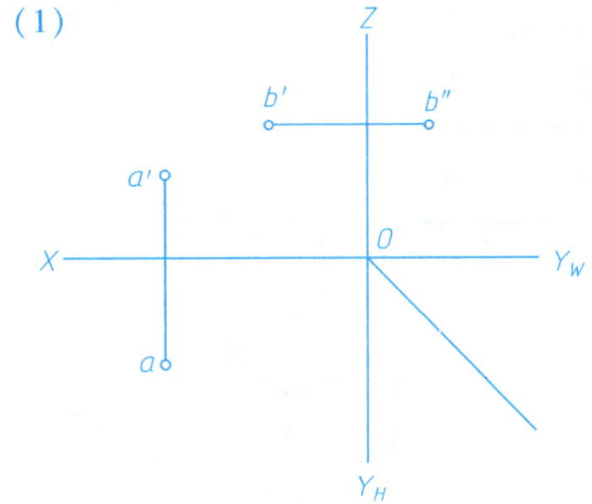

(2)

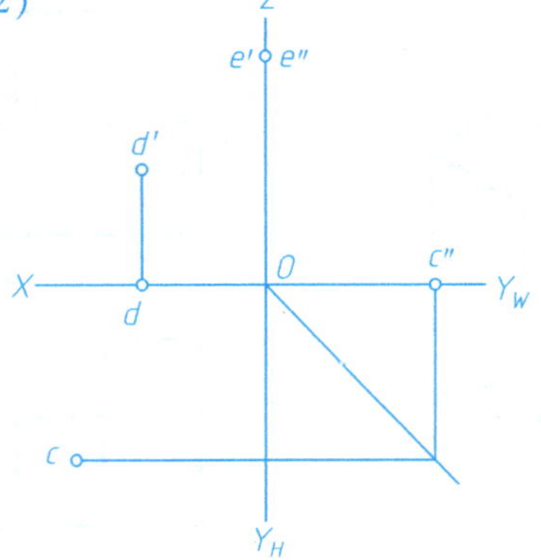

(3)

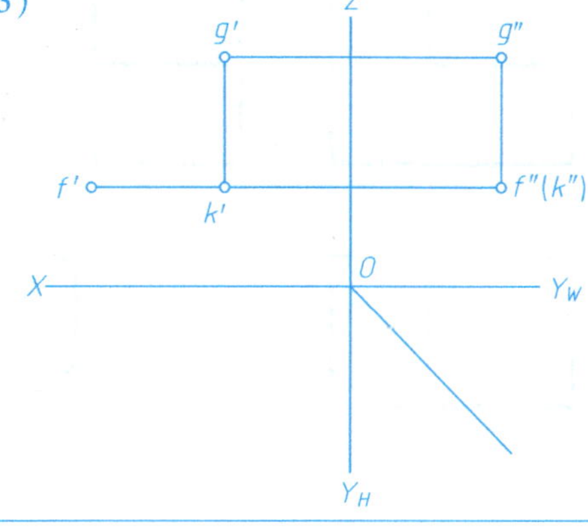

2. 在无轴投影图上求点 B、C 的第三面投影。

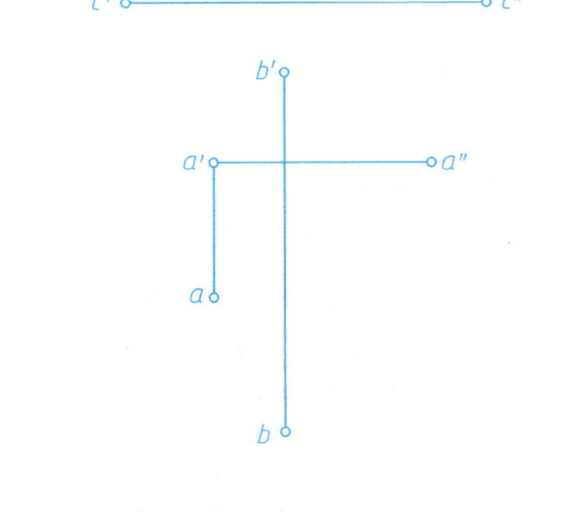

3. 已知点 A 在 V 面之前 15mm，点 B 在点 A 之后 8mm；点 C 和点 B 在 H 面的投影重合，且点 C 的 Z 坐标为 10mm。补全各点的三面投影，并标明可见性。

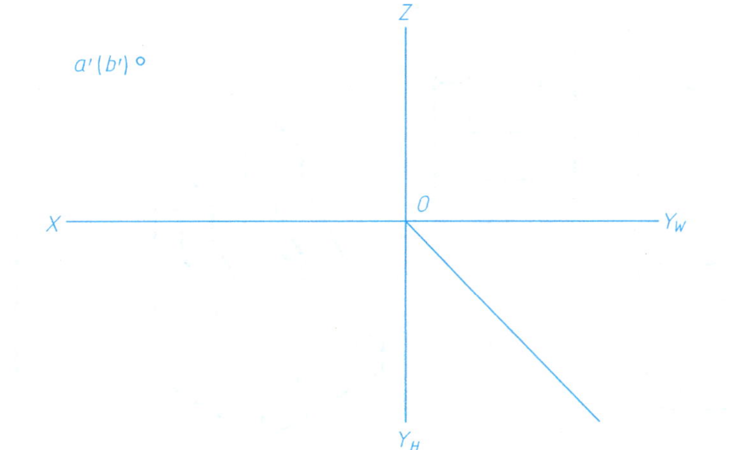

3-2　点的投影（续）

4. 将立体图上标出的各点对应地标在三面投影图上。(注意字母的大小写)

(1)

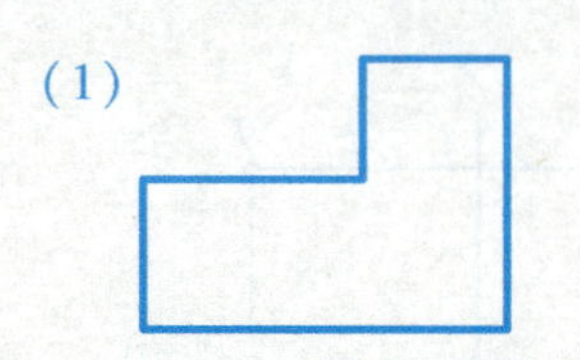

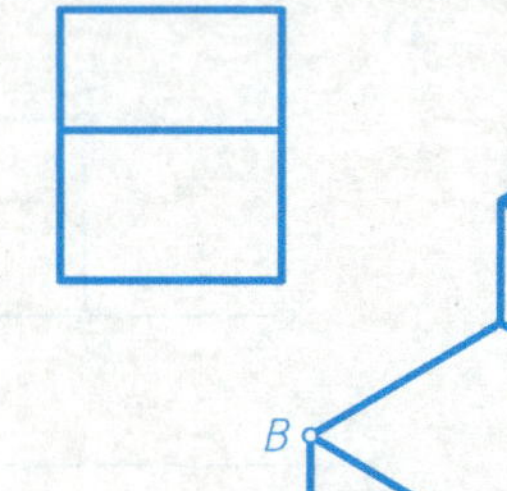

(2)

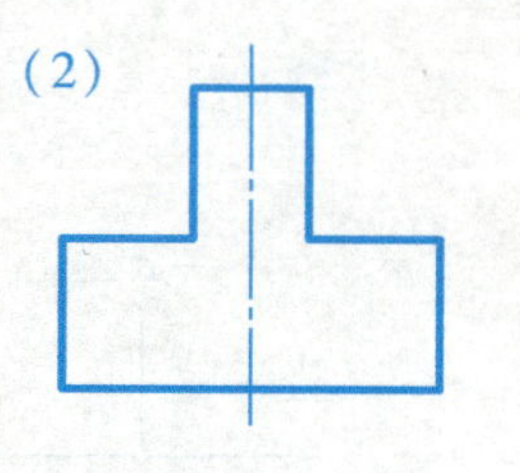

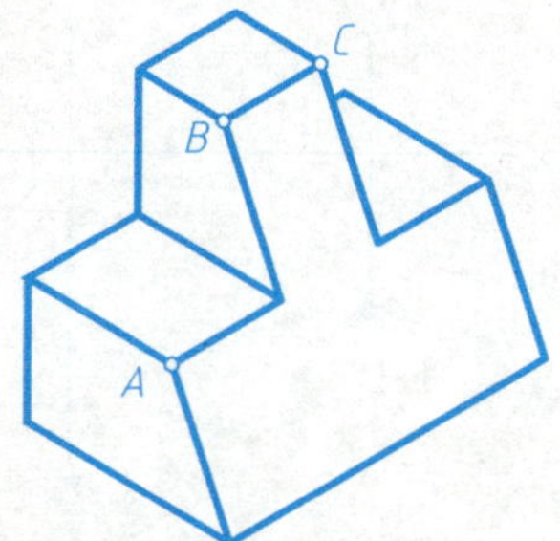

5. 将三面投影图上标出的各点对应地标在立体图上。(注意字母大小写)

(1)

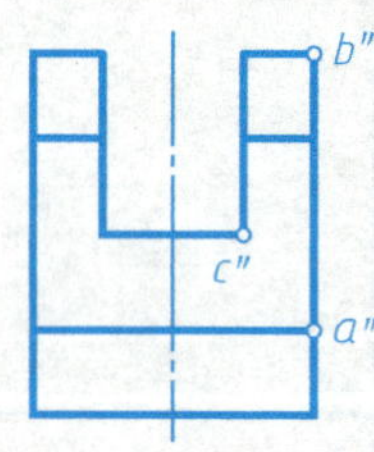

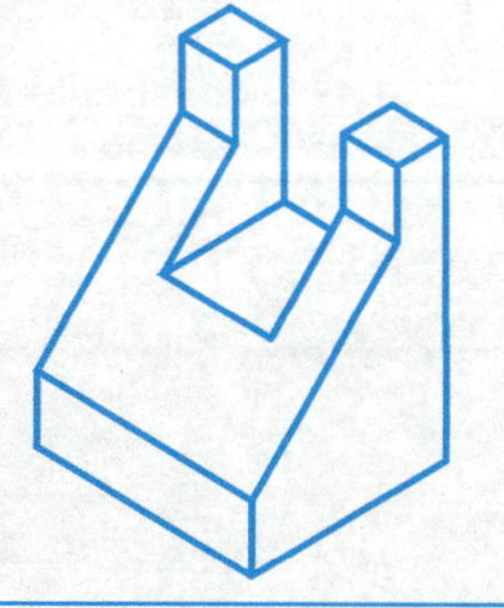

(2)

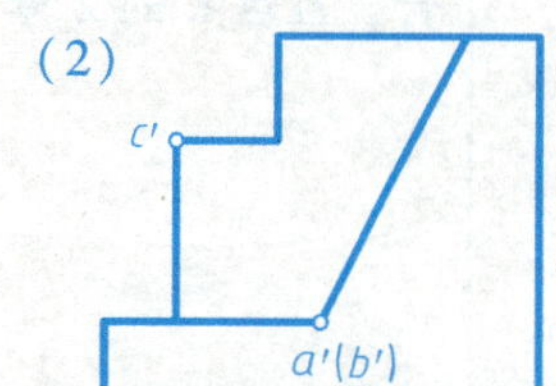

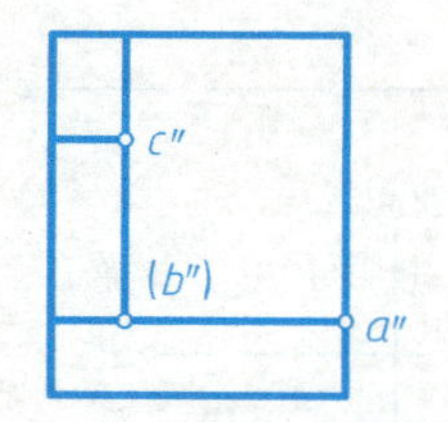

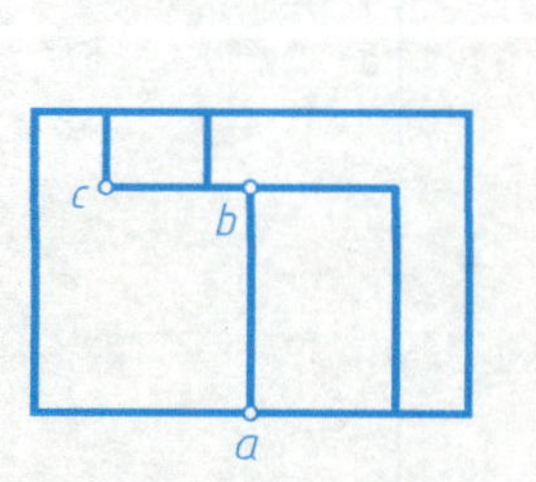

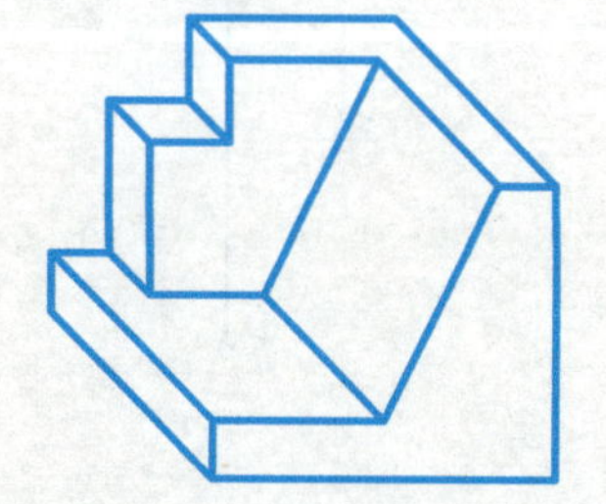

3-3　直线的投影

1. 已知直线的两面投影，作出第三面投影，并指出直线的空间位置名称。

(1)

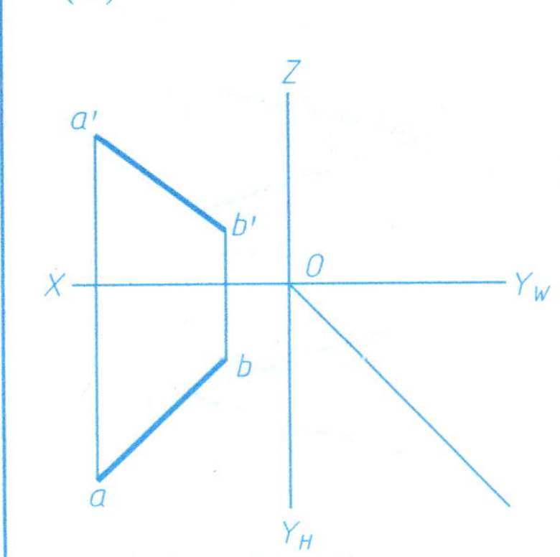

直线 *AB* 是______

(2)

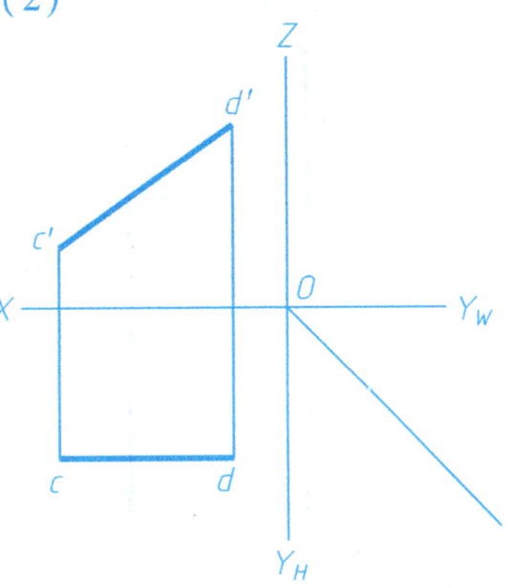

直线 *CD* 是______

(3)

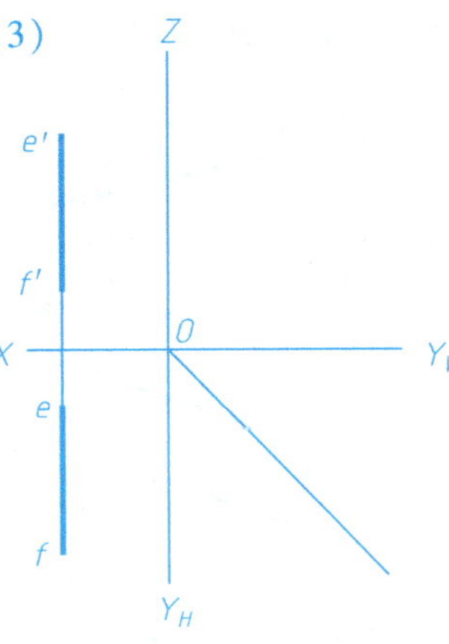

直线 *EF* 是______

(4)

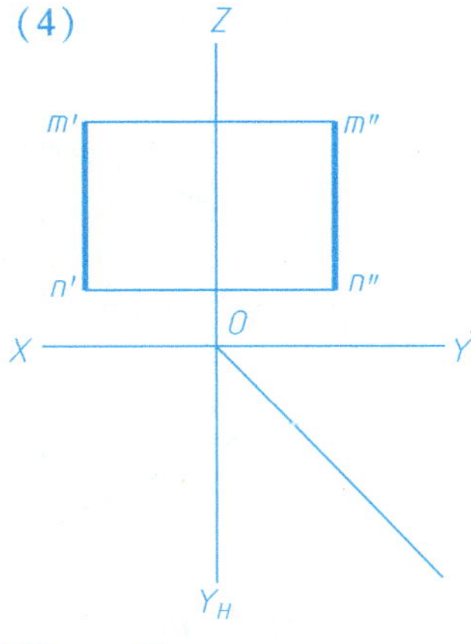

直线 *MN* 是______

2. 判断点是否在直线上。

(1)

(是　否)

点 *C* ______直线 *AB* 上。

(2)

(是　否)

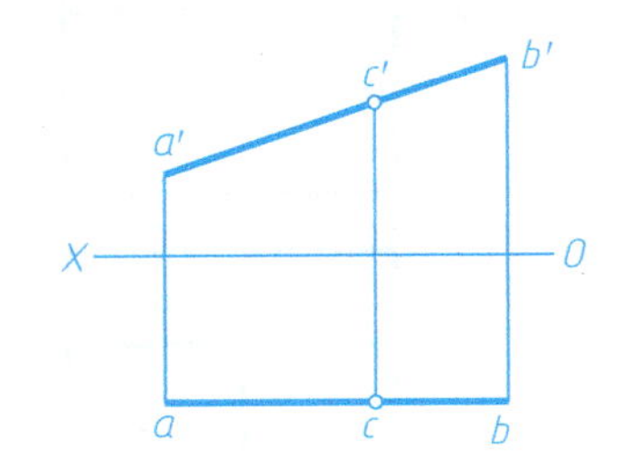

点 *C* ______直线 *AB* 上。

(3)

(是　否)

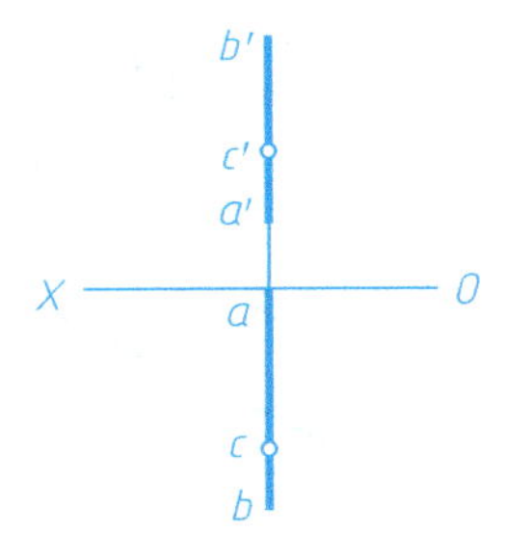

点 *C* ______直线 *AB* 上。

(4)

(是　否)

点 *C* ______直线 *AB* 上。

3-3 直线的投影（续）

3. 判断直线与直线的相对位置（平行、相交、交叉、垂直相交、垂直交叉）并填空。

（1）直线 *AB* 与 *CD*（ ）

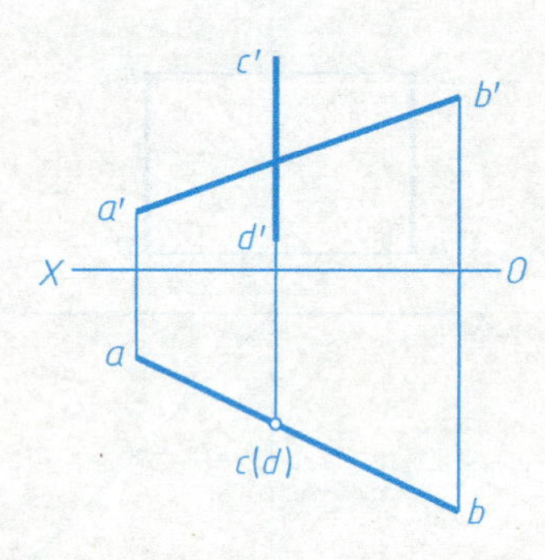

（2）直线 *AB* 与 *CD*（ ）

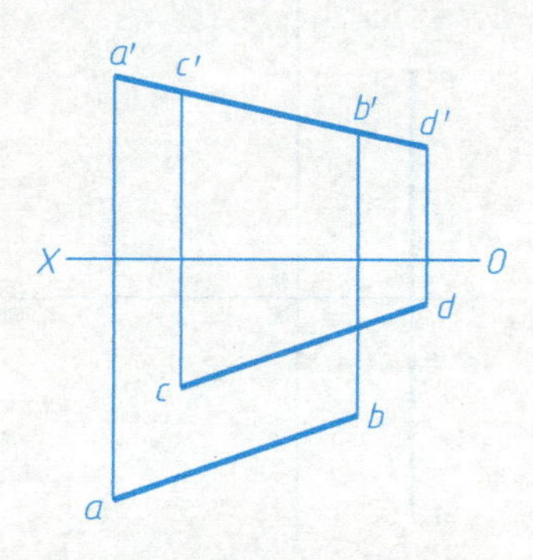

（3）直线 *AB* 与 *CD*（ ）

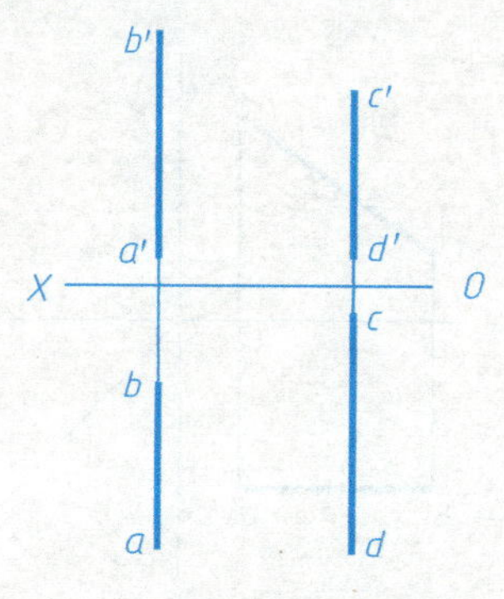

（4）直线 *AB* 与 *CD*（ ）

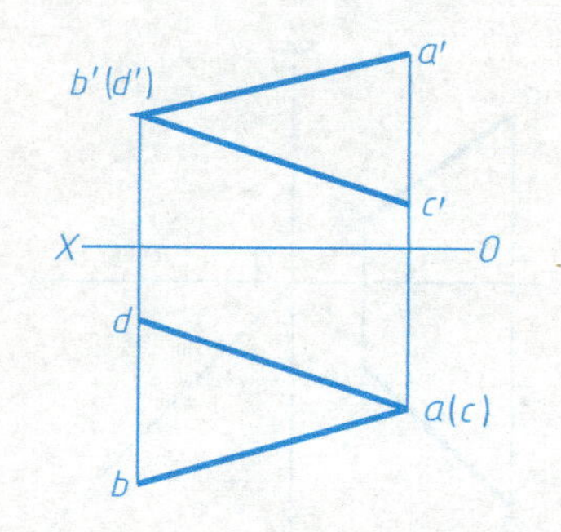

（5）直线 *AB* 与 *BC*（ ）

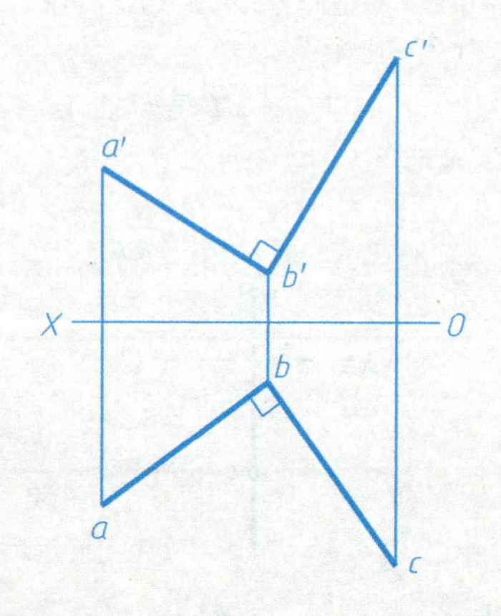

（6）直线 *AB* 与 *CD*（ ）

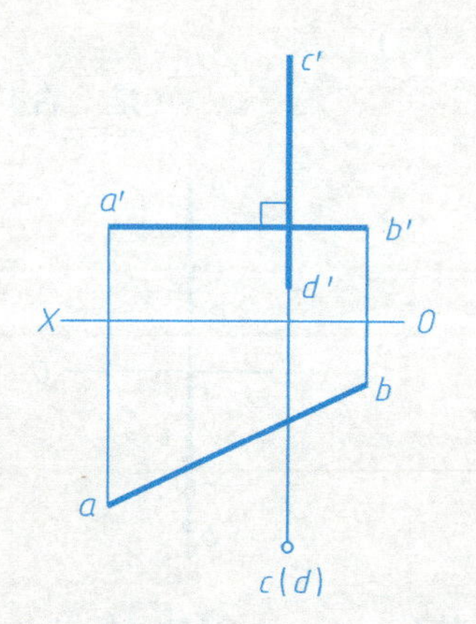

（7）在立体的两面投影中，标有直线 *AB* 和 *CD* 的正面投影和水平投影，请在立体图中标出点 *A*、*B*、*C*、*D* 的位置，并判断直线 *AB* 与 *CD* 的相对位置为（ ）。

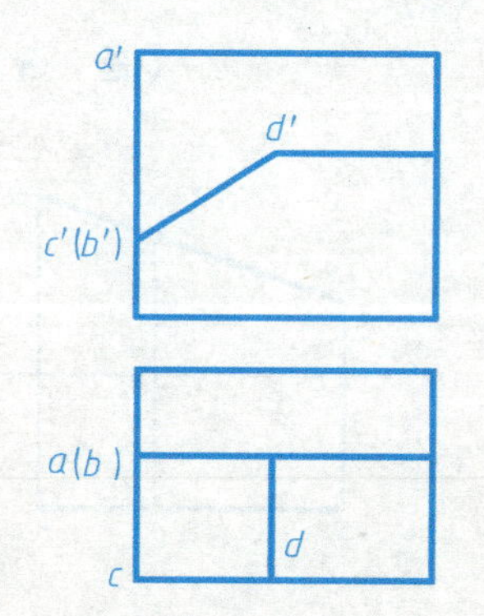

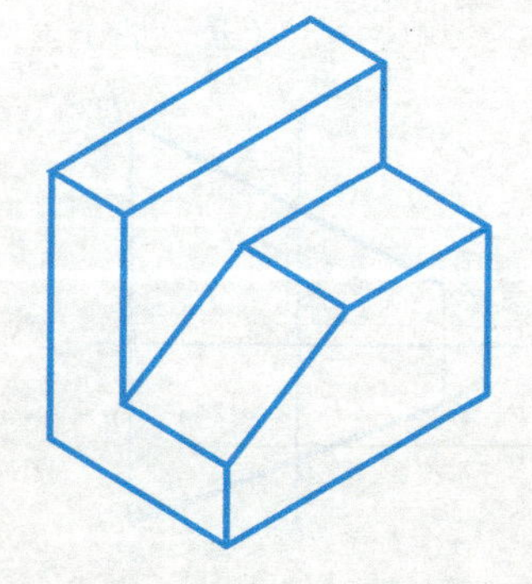

3-3　直线的投影（续）

4. 过直线 *AB* 中点作直线 *EF* 与 *CD* 平行。

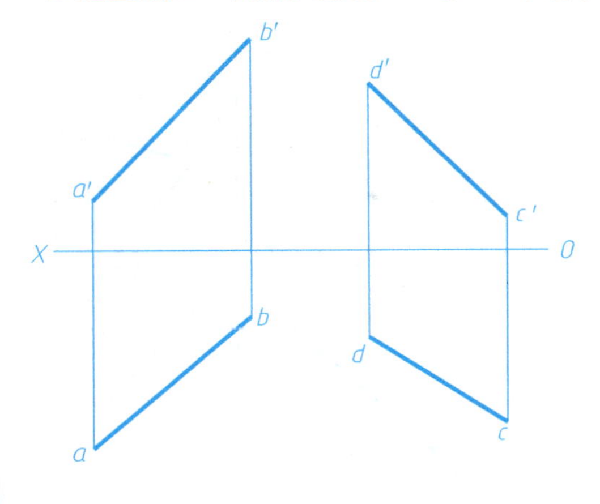

5. 过点 *K* 作直线 *KE* 与 *AB*、*CD* 相交。

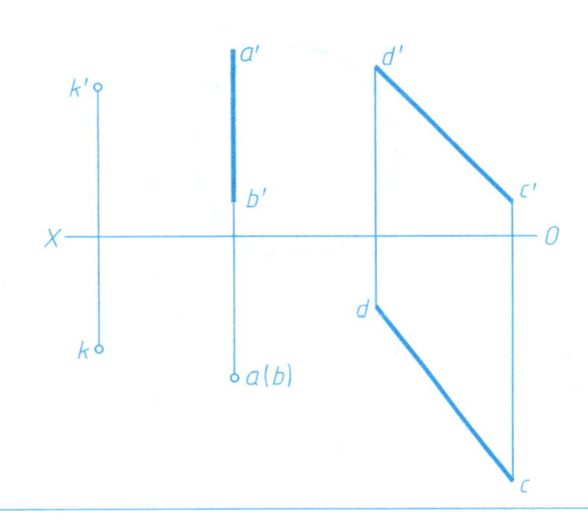

6. 过点 *C* 作直线 *CD* 与 *AB* 垂直相交。

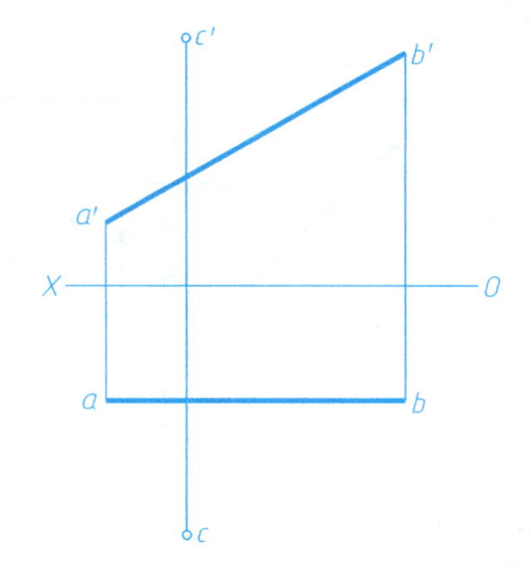

7. 作水平线，使其距 *H* 面 15mm，并与直线 *CD*、*AB* 相交。

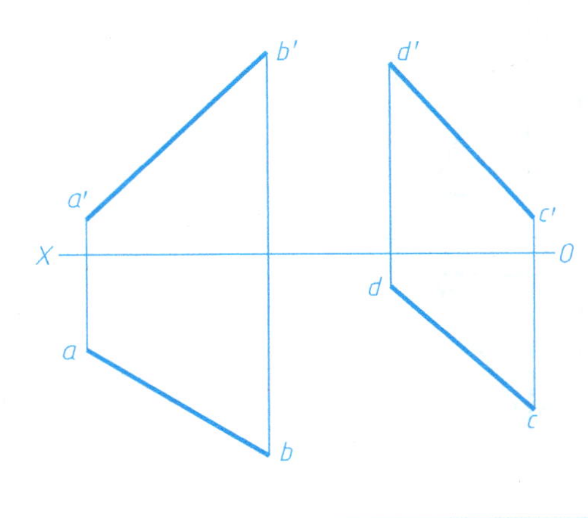

8. 作直线 *MN*，使其与直线 *AB*、*EF* 相交，与 *CD* 平行。

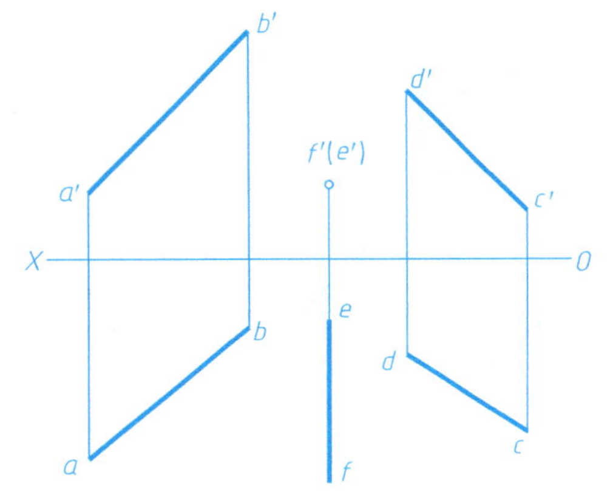

9. 求交叉两直线 *AB*、*CD* 的公垂线 *MN* 的两面投影。

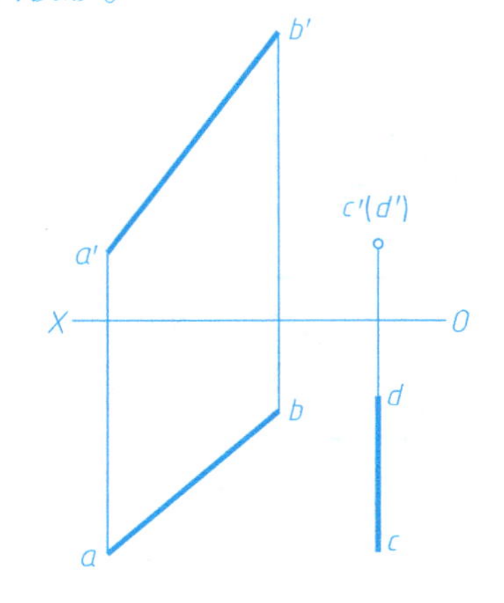

3-4　平面的投影

1. 补画各平面的第三面投影，并判别各平面是何种位置平面。

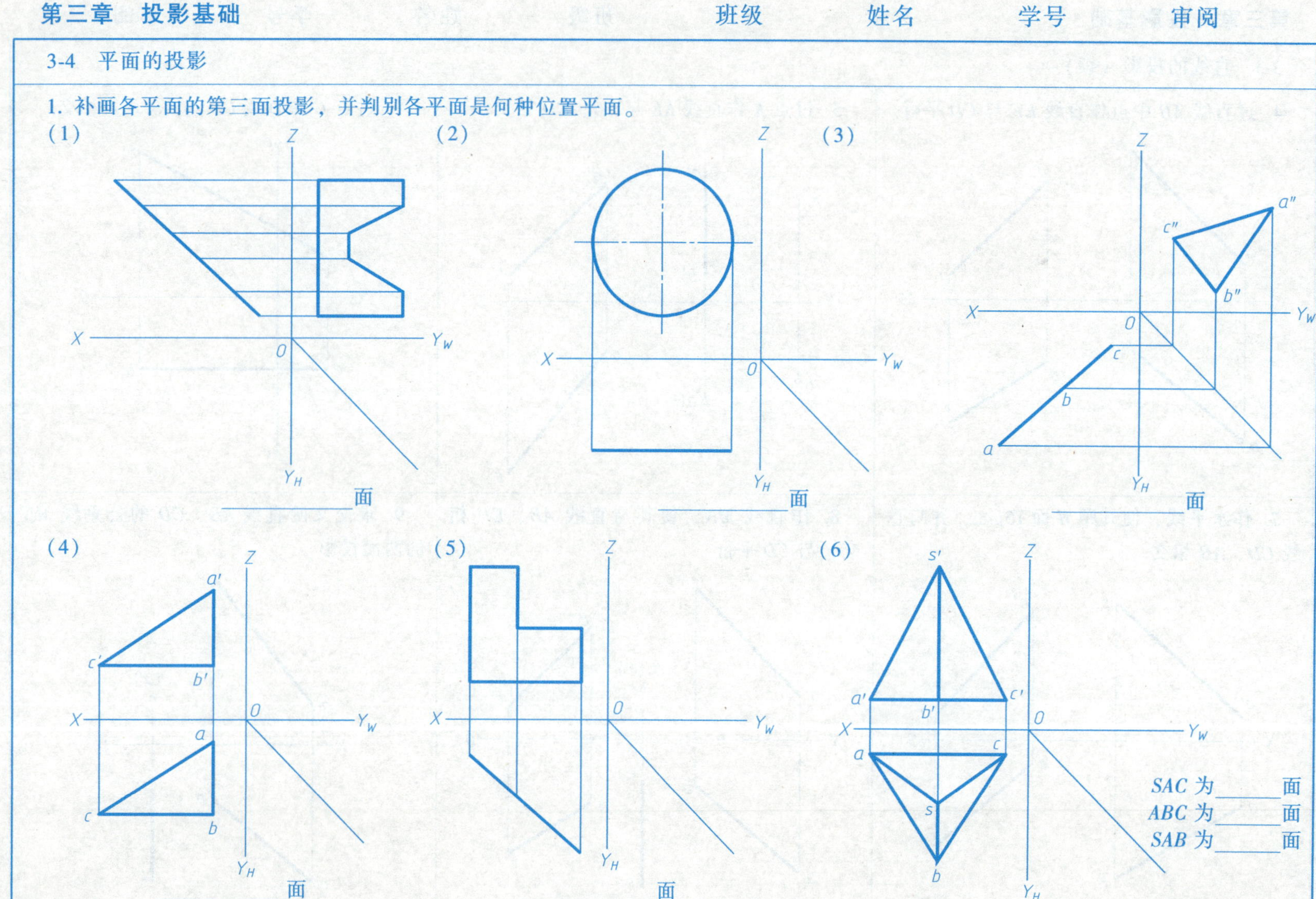

3-4 平面的投影（续）

2. 补全平面图形的水平投影。

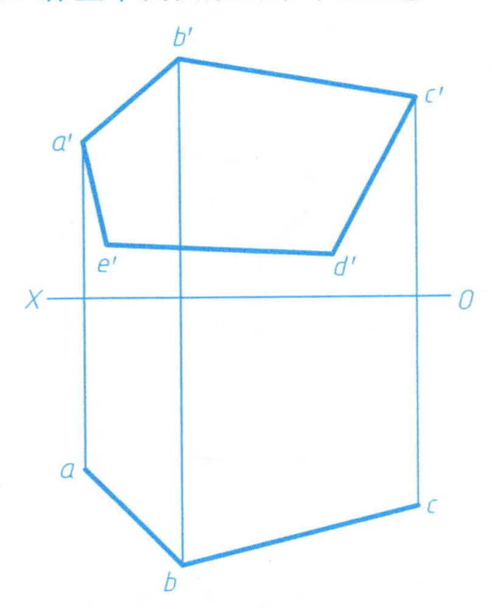

3. 判断点 *D* 及直线 *EF* 是否在平面 *ABC* 上。

(1)

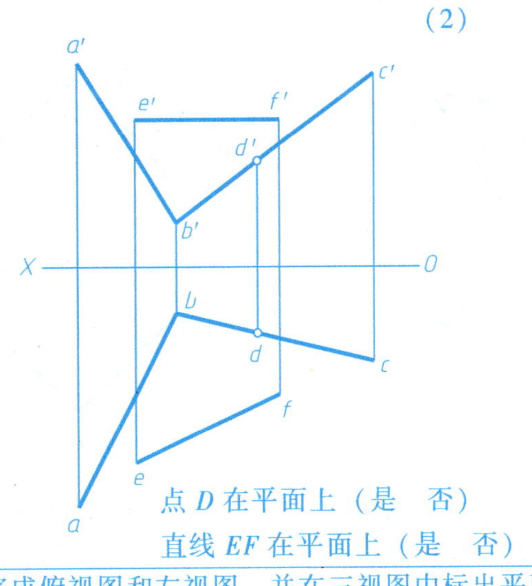

点 *D* 在平面上（是　否）

直线 *EF* 在平面上（是　否）

(2)

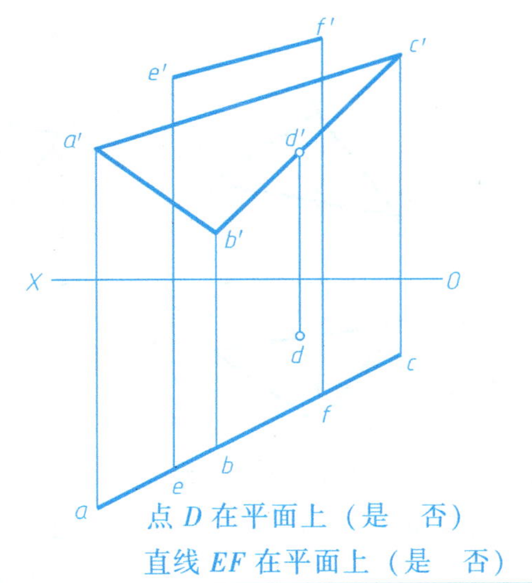

点 *D* 在平面上（是　否）

直线 *EF* 在平面上（是　否）

4. 在平面内取距 *V* 面 15mm 的正平线。

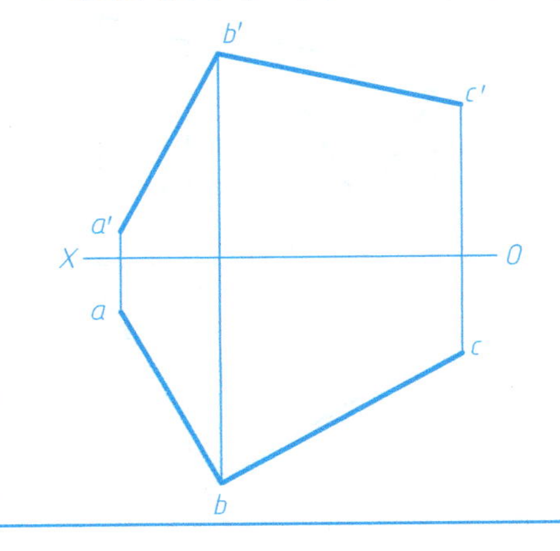

5. 完成俯视图和左视图，并在三视图中标出平面 *P*、*Q* 的三面投影。

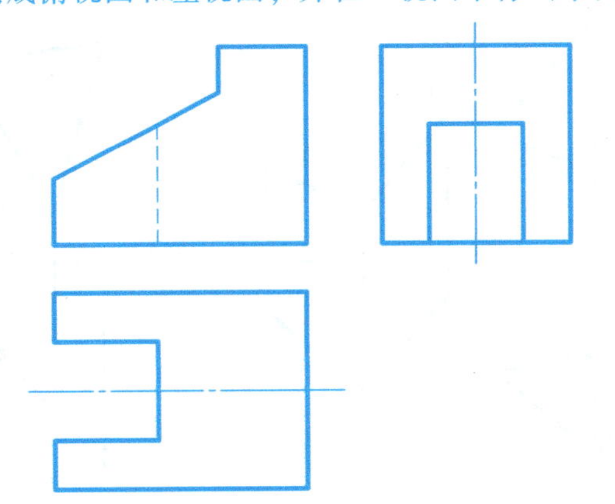

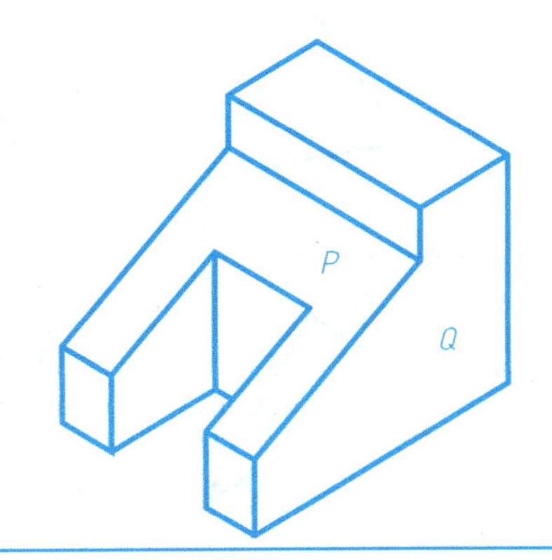

3-5　几何元素的相对位置

1. 过点 *K* 作直线与已知平面 *DEF* 平行。

(1)

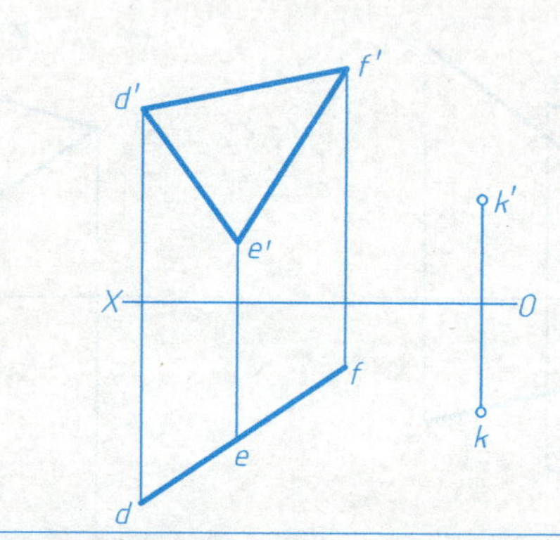

2. 过点 *K* 作平面与已知平面 *DEF* 平行。

(1)

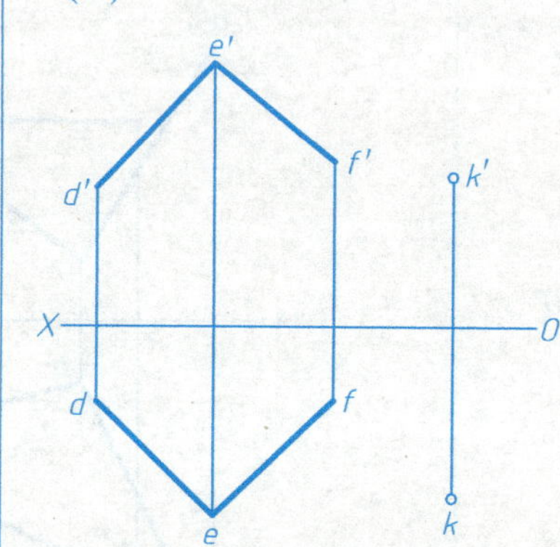

(2)

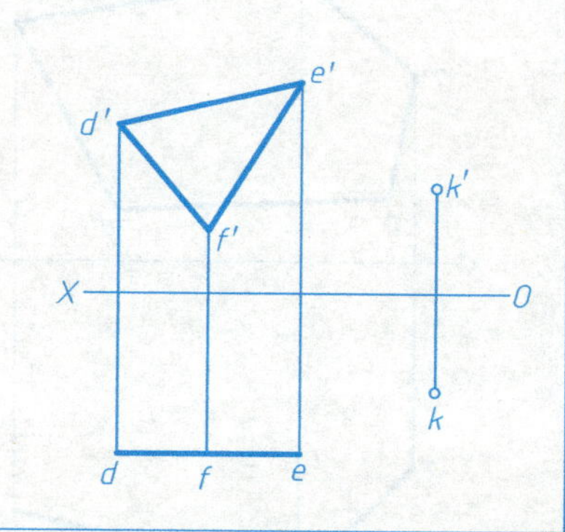

3. 判断直线与平面、平面与平面的相对位置。

(1)直线 *MN* 与 *ABC* 平行(是　否)

(2)平面 *ABC* 与 *KMN* 平行(是　否)

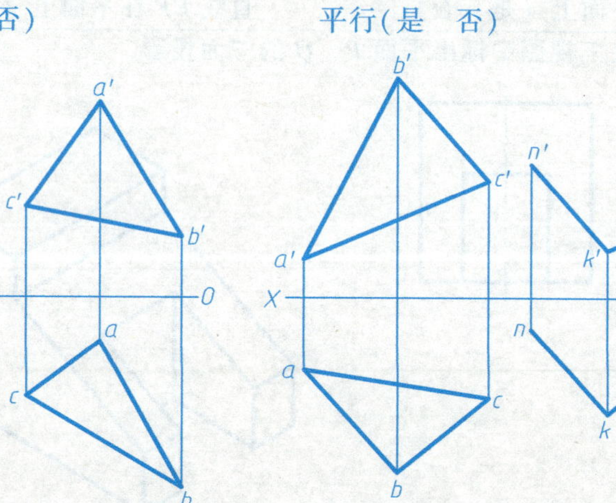

(3)直线 *MN* 与平面 *ABC* 垂直(是　否)

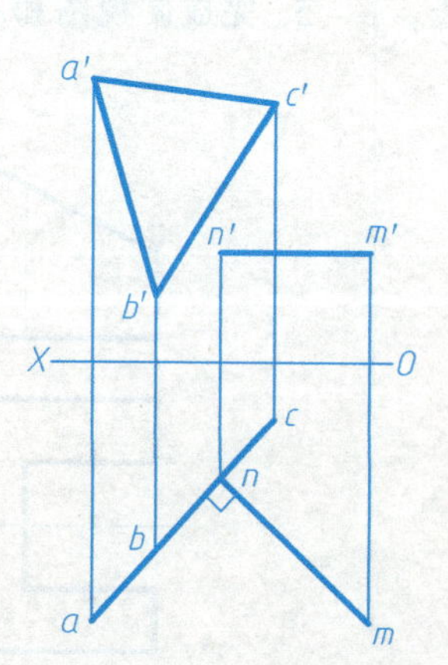

(4)平面 *ABCD* 与 *EFG* 垂直(是　否)

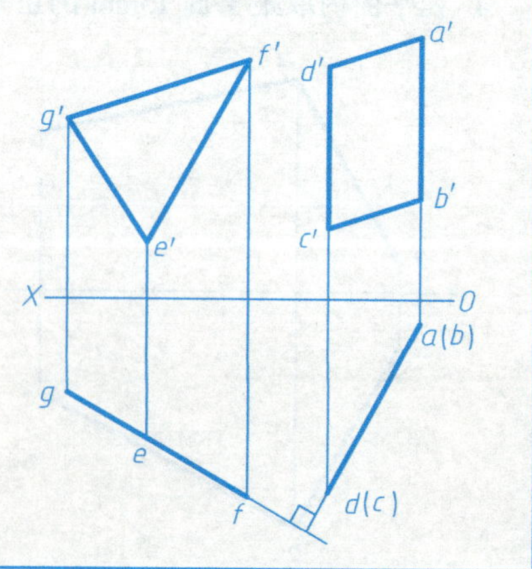

3-5　几何元素的相对位置（续）

4. 求平面 *ABC* 与直线 *DE* 交点 *K* 的两面投影，并判断可见性。

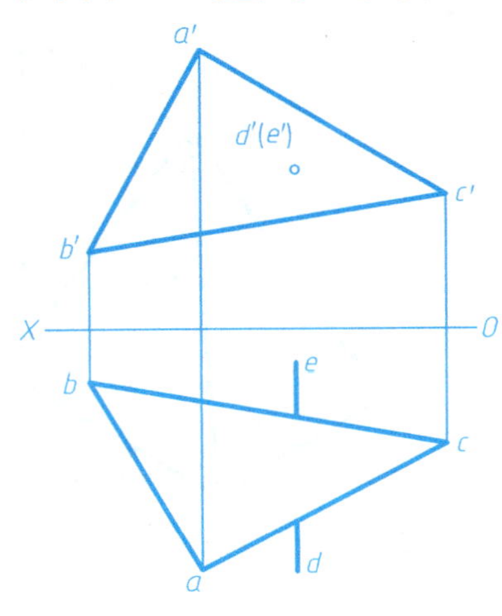

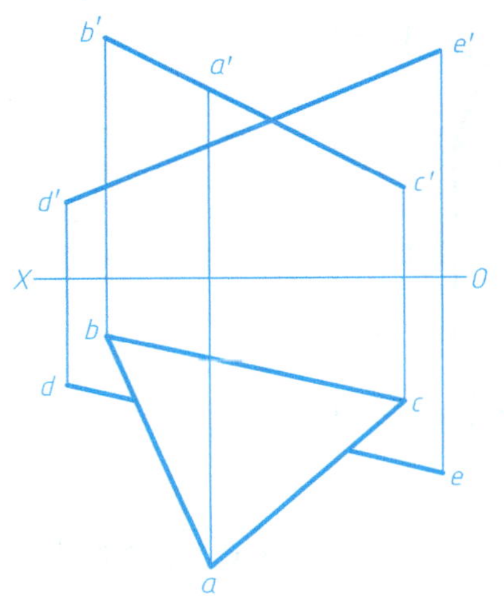

5. 求平面 *ABC* 与 *DEFG* 交线的两面投影，并判断可见性。

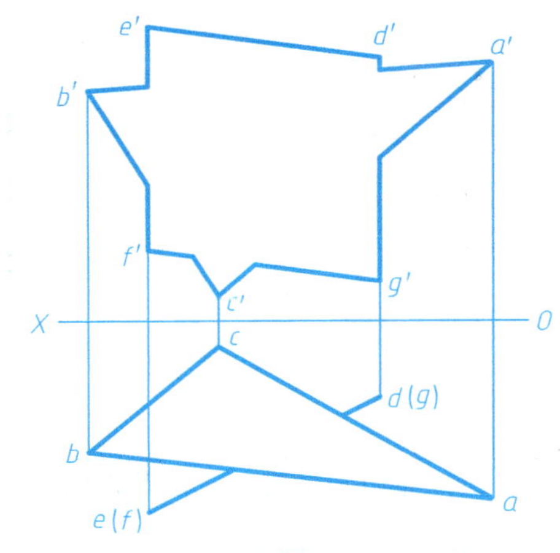

6. 过点 *K* 作平面 *KCD* 垂直于直线 *AB*。

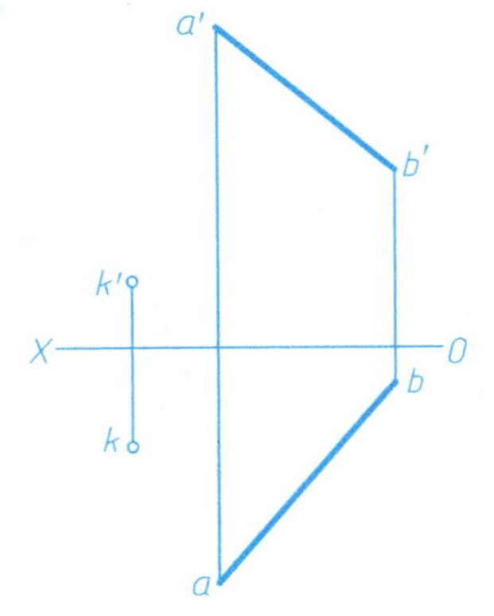

7. 过点 *K* 作已知平面的垂线 *KG*。

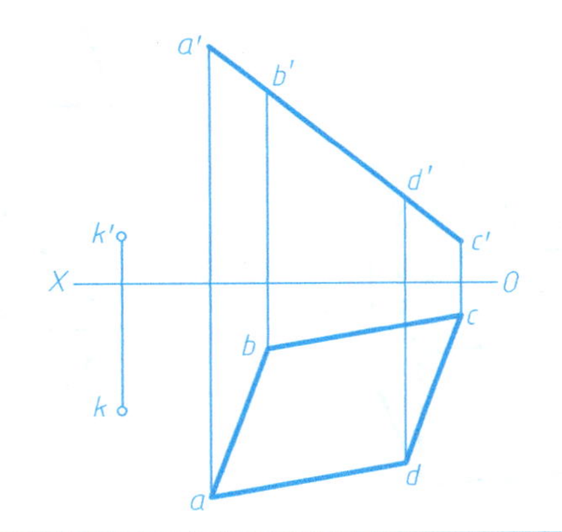

8. 过点 *K* 作平面与平面 *ABC* 垂直，与直线 *DE* 平行。

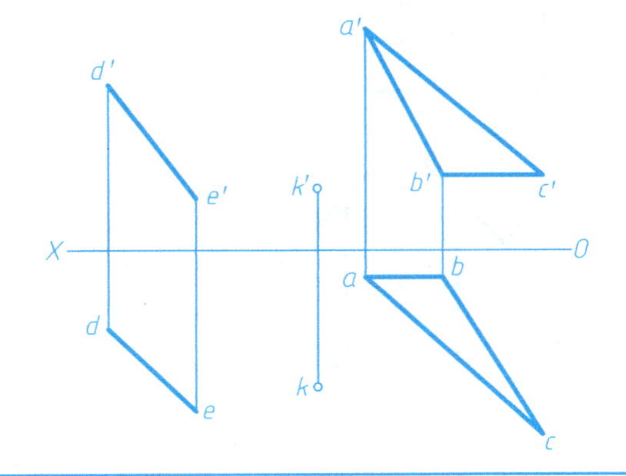

3-6　平面立体投影、表面取点及平面立体截交线

1. 根据立体图，作正六棱柱的三面投影。

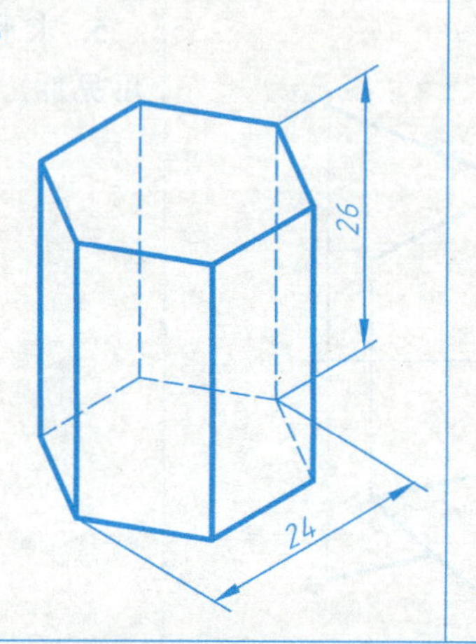

2. 根据立体图，作四棱锥的三面投影。

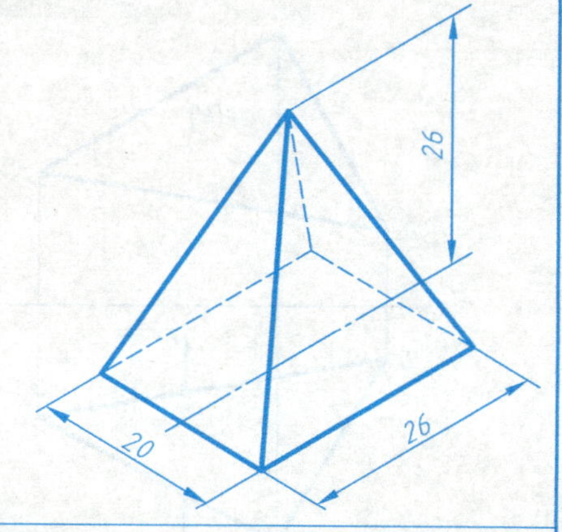

3. 求由正四棱柱切割形成的立体及正四棱台的第三投影，并补全其表面上点 *A*、*B* 的另外两个投影。

(1)

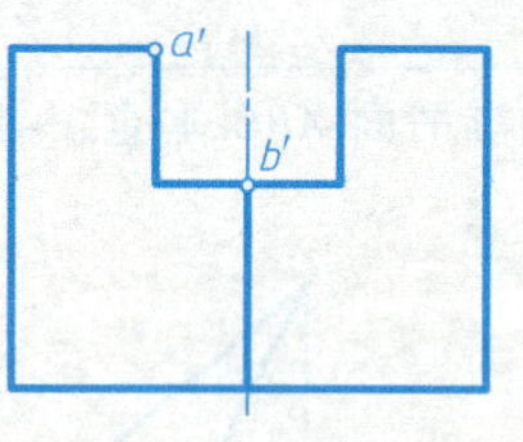

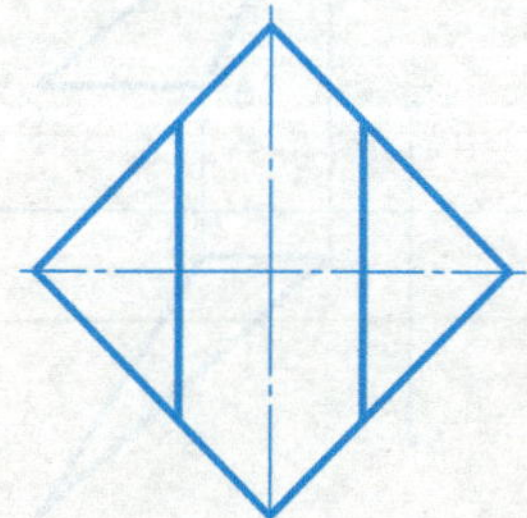

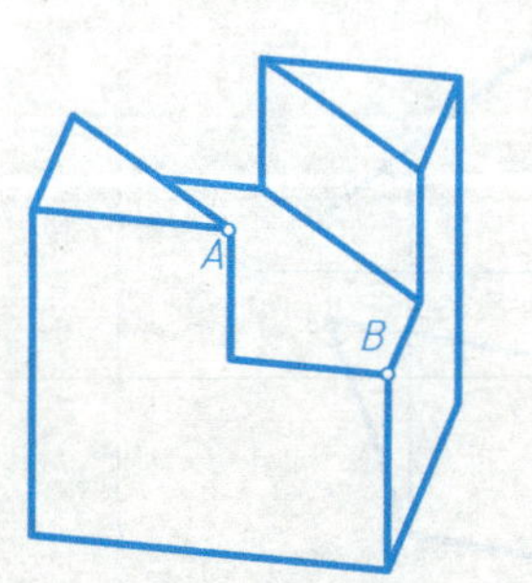

(2)

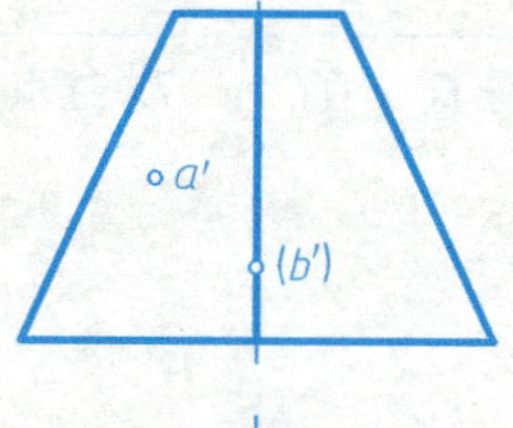

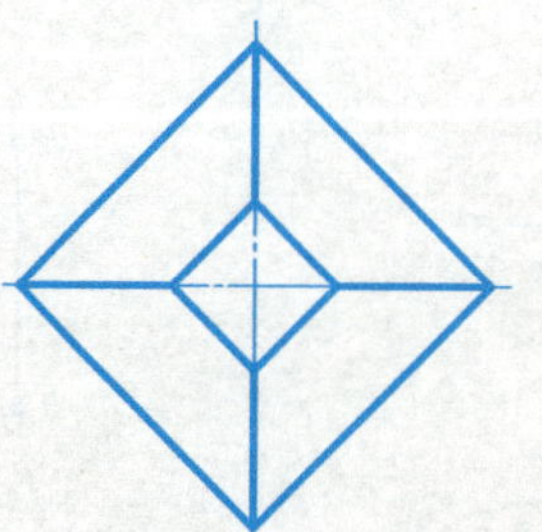

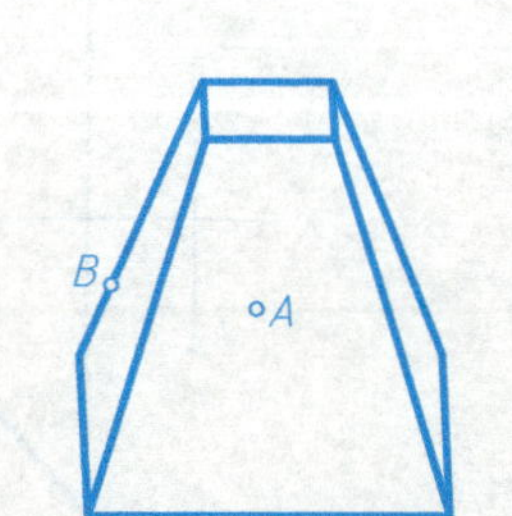

3-6　平面立体投影、表面取点及平面立体截交线（续）

4. 补全正六棱柱被截切后的三面投影。

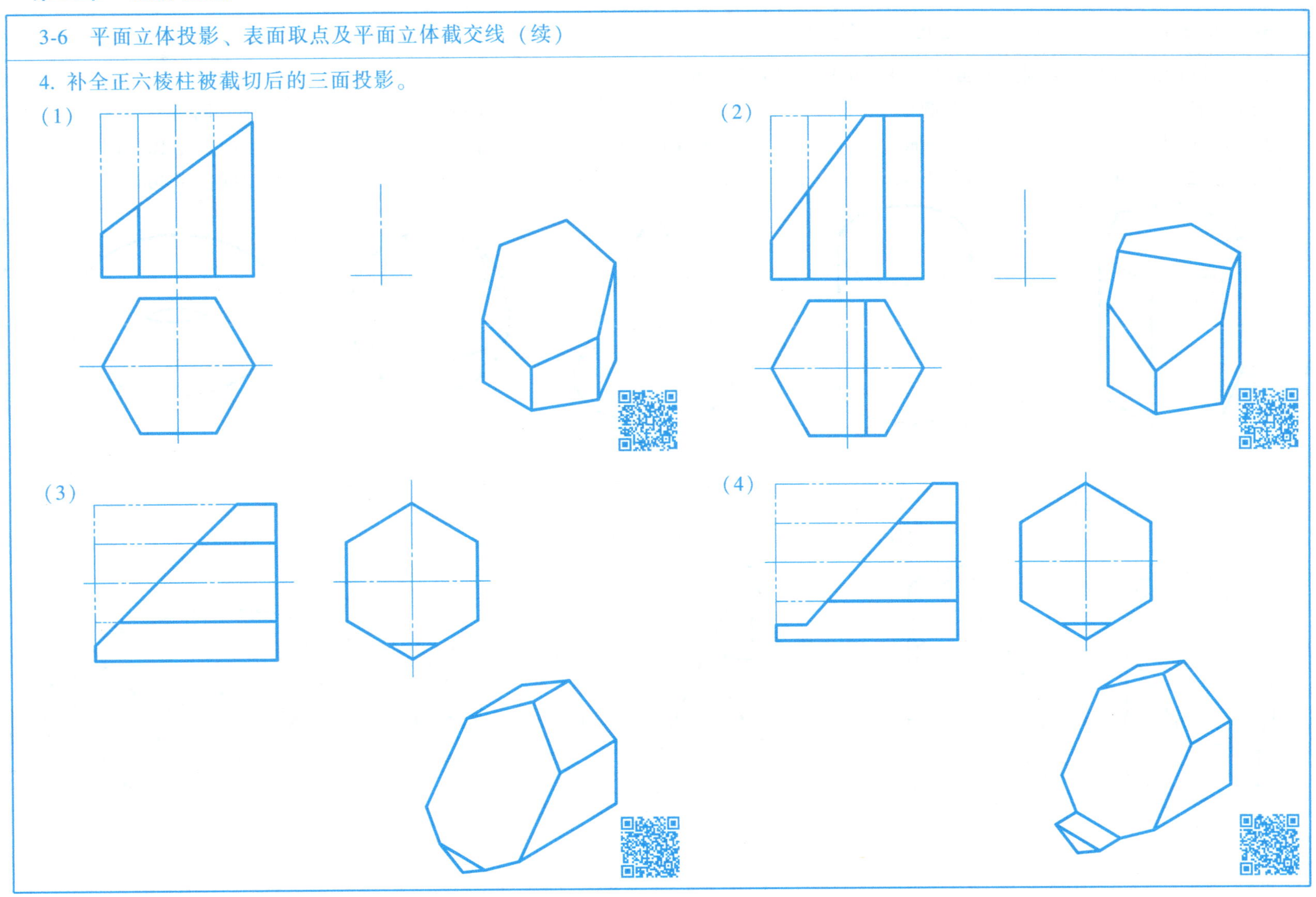

3-7　根据给出的立体图和尺寸建立其三维实体模型

1. 利用 SOLIDWORKS 拉伸特征或旋转特征构建下列常见立体。

(1) 六棱柱
高 50mm，底面外接圆直径为 40mm。

(2) 圆柱
高 50mm，直径为 40mm。

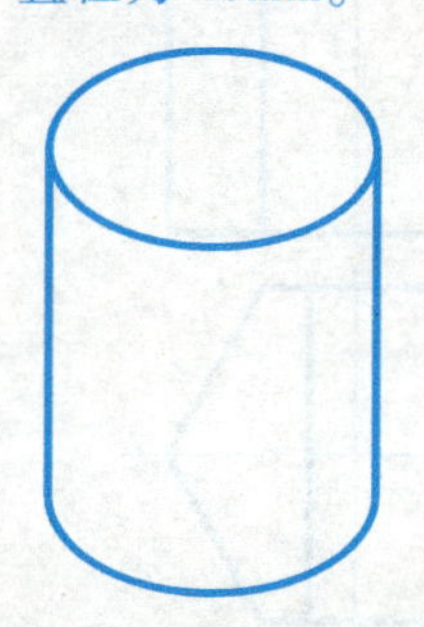

(3) 圆锥
高 50mm，底圆直径 40mm。

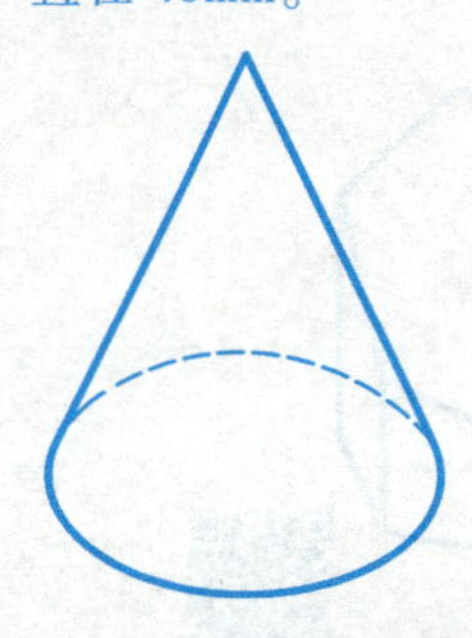

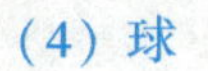
(4) 球
直径 40mm。

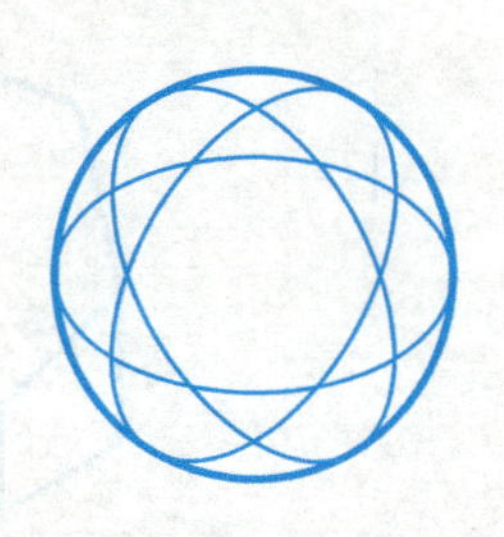

(5) 圆环
小圆直径 10mm，大圆直径 40mm。

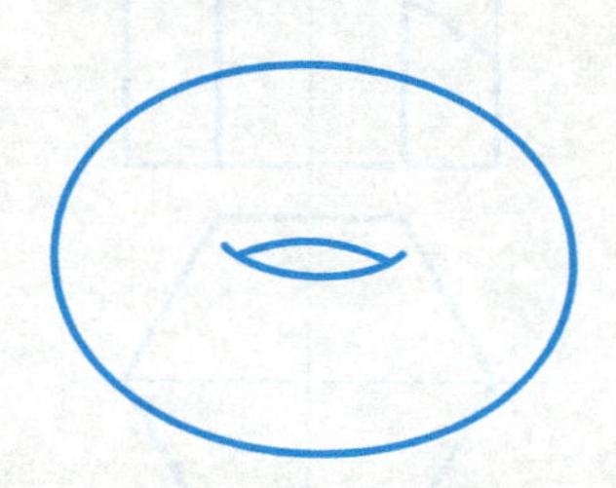

2. 利用 SOLIDWORKS 构建截切立体（尺寸自定）。

(1) 截切六棱柱

(2) 截切圆柱

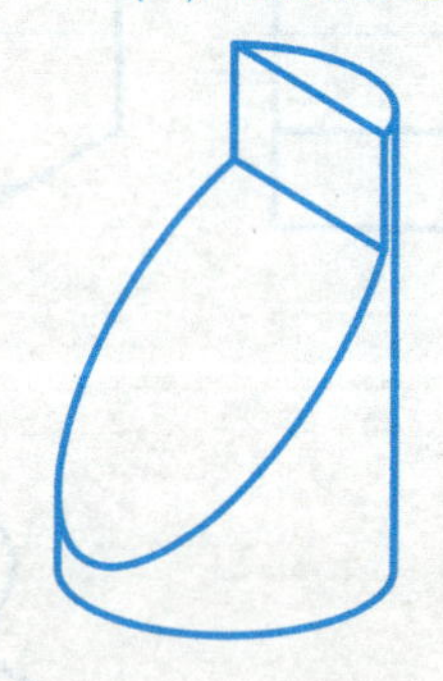

(3) 组合平面截切圆锥

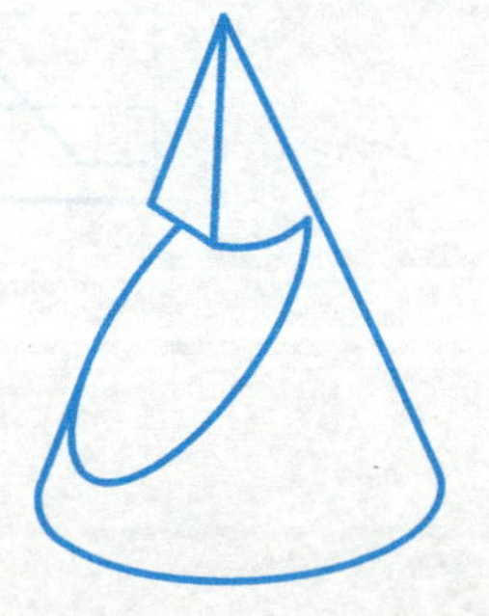

(4) 截切球

(5) 平面截切组合体

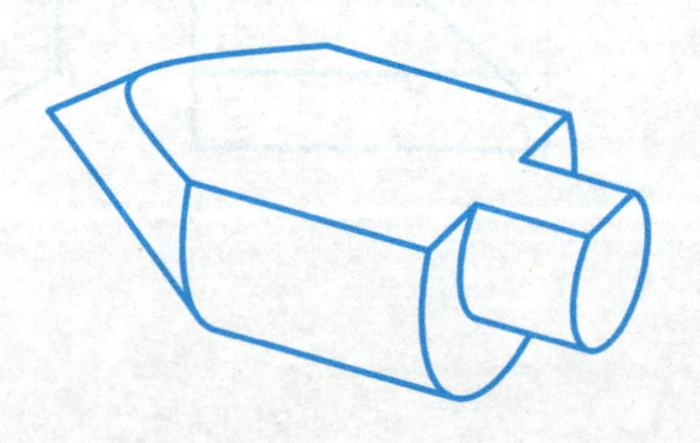

3-7　根据给出的立体图和尺寸建立其三维实体模型（续）

3. 利用 SOLIDWORKS 构建下列相交立体（尺寸可自定）。

（1）两轴线相交的垂直圆柱

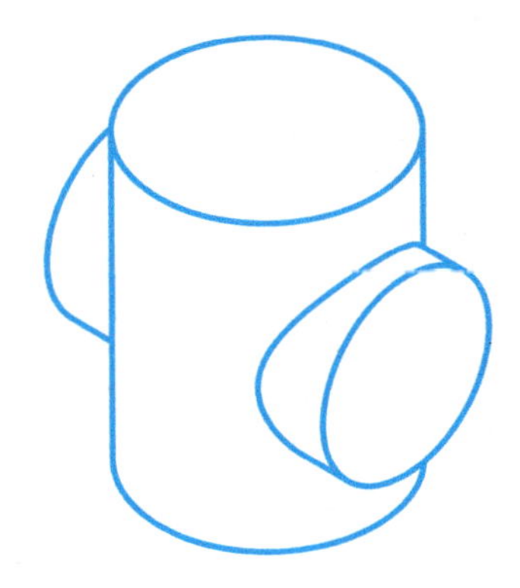

（2）两轴线相交且直径相等的垂直圆柱相交

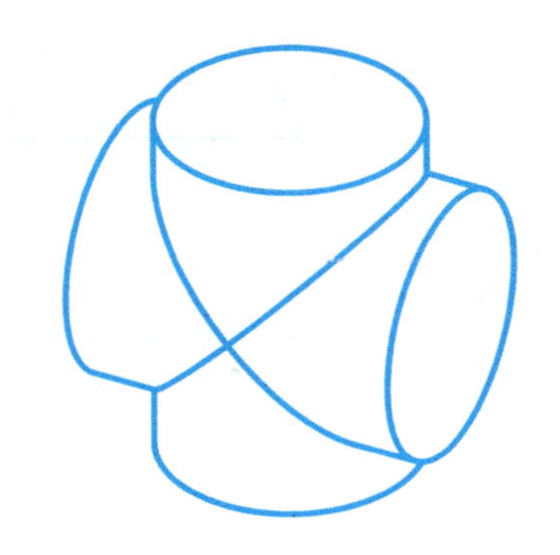

（3）在圆筒上打一个与其轴线垂直相交的通孔

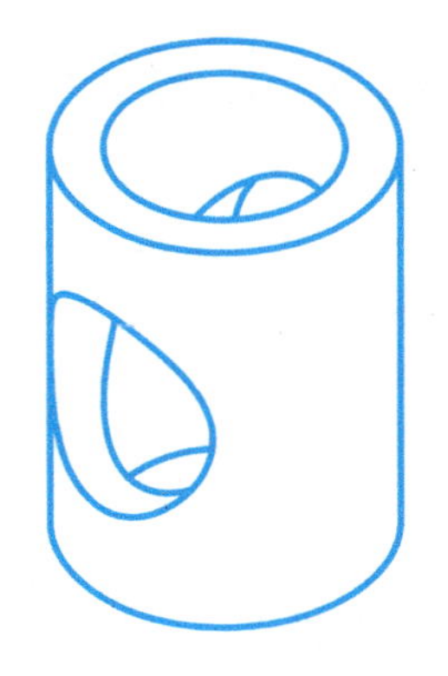

（4）圆柱、圆锥与圆球同轴

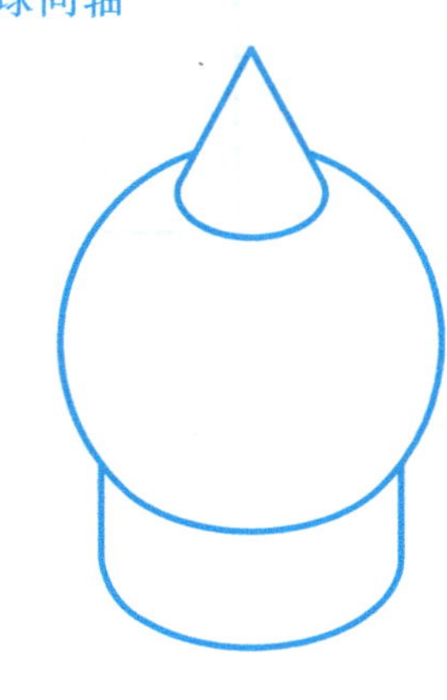

（5）两轴线垂直相交的圆柱与圆锥

（6）圆柱与等直径的圆柱、圆球组合立体相交

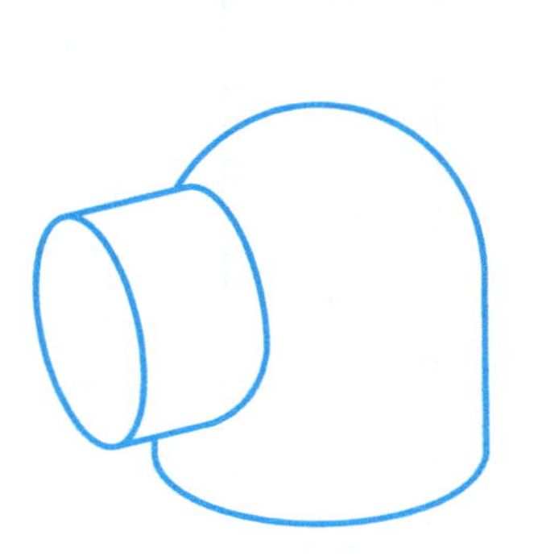

（7）圆柱与三棱柱相交

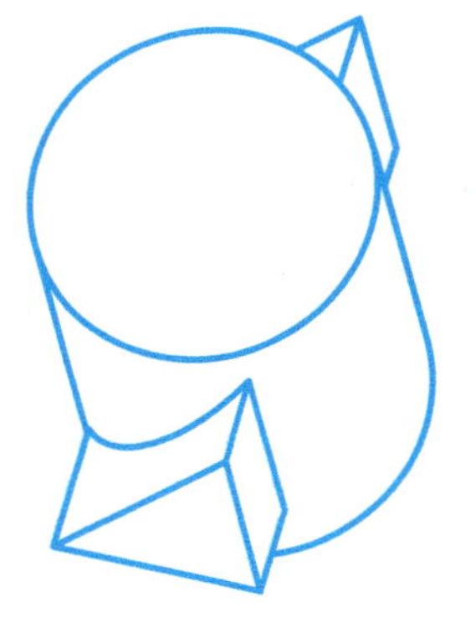

（8）圆柱与圆球相交

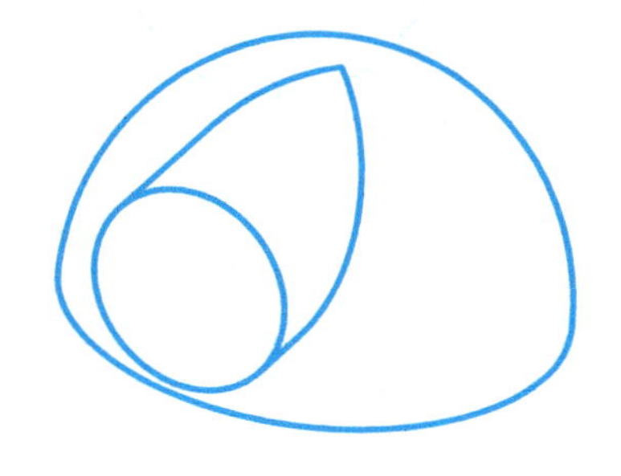

3-8 常见回转体的投影及表面取点

1. 完成正圆柱及其表面上点 *A*、*B*、*C* 的另两个投影。

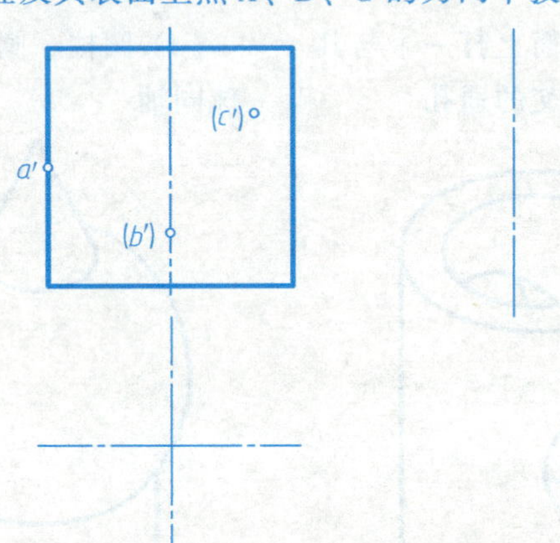

2. 完成正圆锥及其表面上点 *A*、*B*、*C* 的另两个投影。

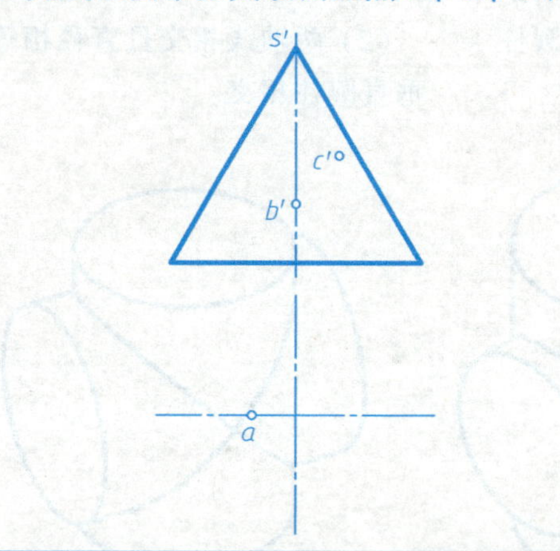

3. 完成圆球及其表面上 *A*、*B*、*C* 的另两个投影。

4. 作出圆环面上点 *A*、*B*、*C* 的另一个投影。

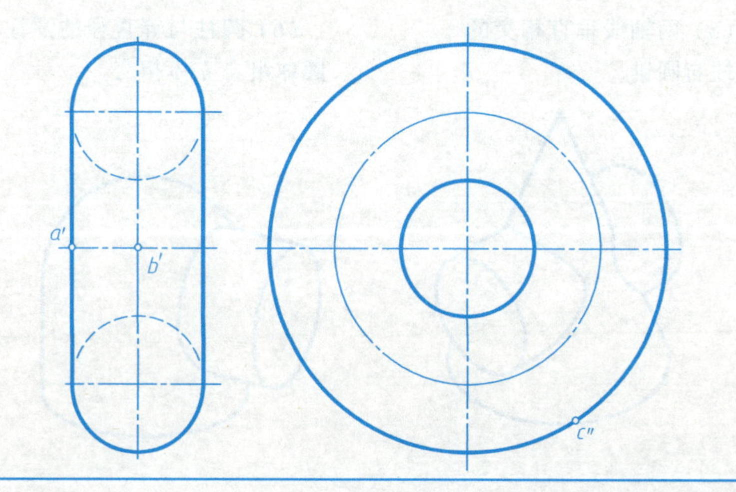

3-8　常见回转体的投影及表面取点（续）

5. 根据立体图补画立体的侧面投影和立体表面上各点的另外两投影。

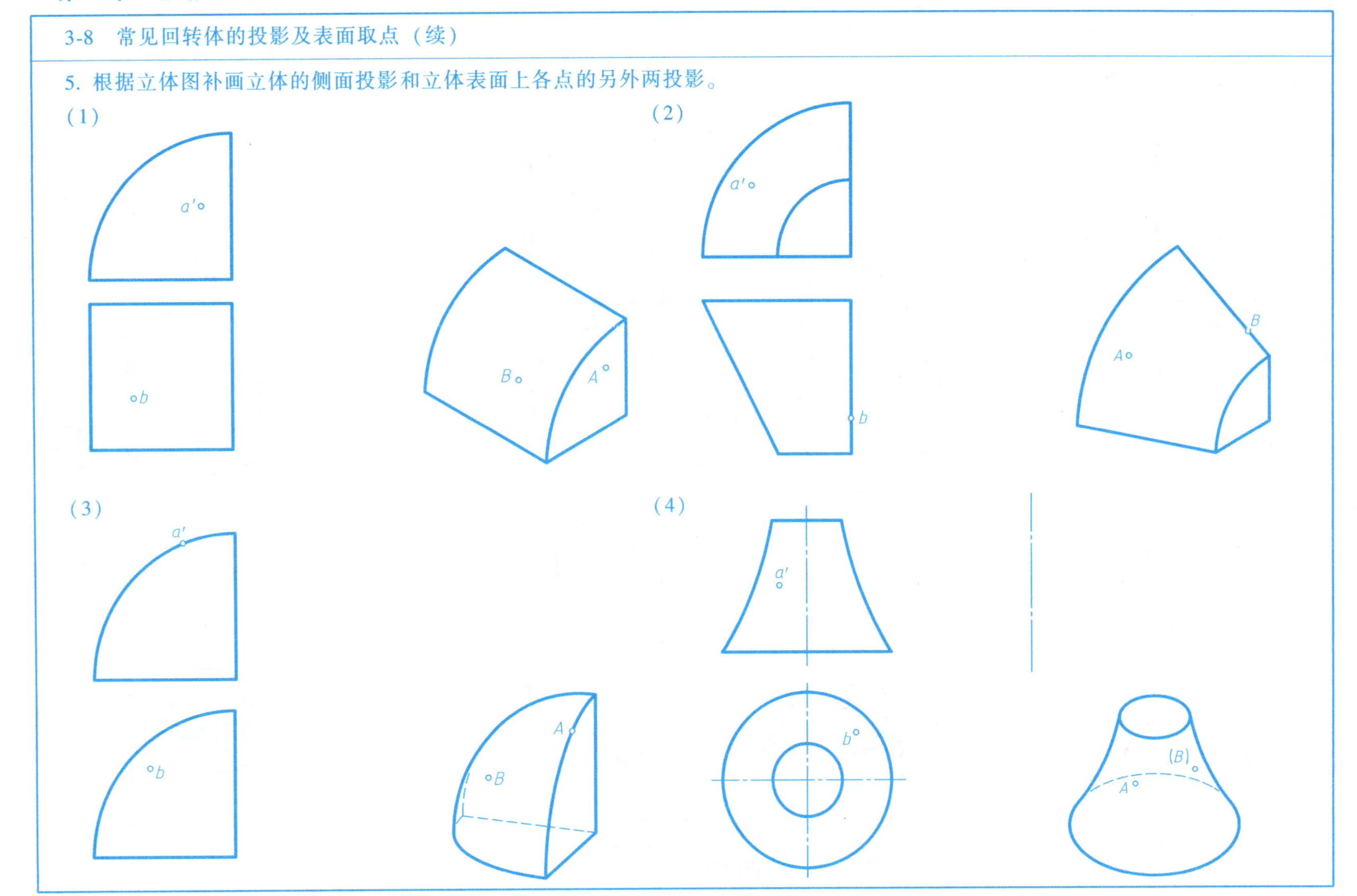

3-9　平面与常见回转体相交

1. 补全圆柱及其截交线的三面投影。

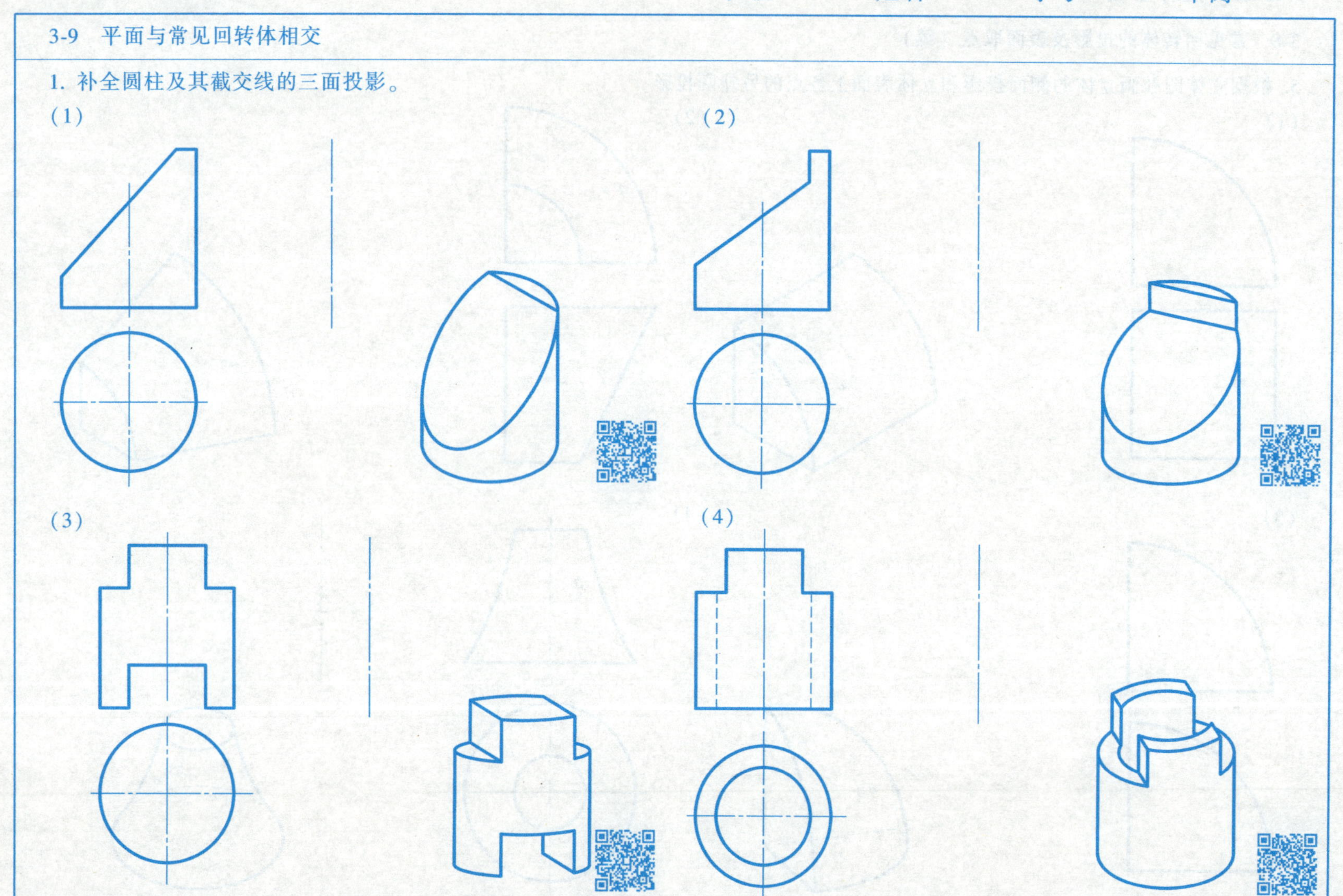

3-9 平面与常见回转体相交（续）

2. 补全圆锥及其截交线的三面投影。

（1）

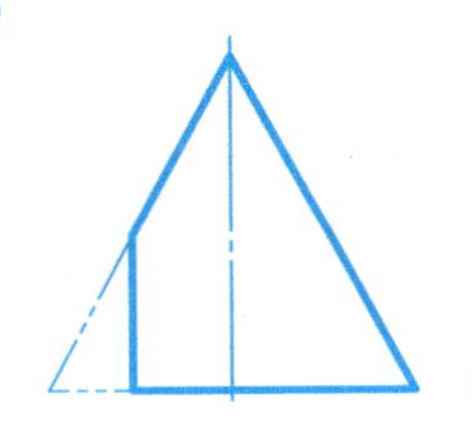

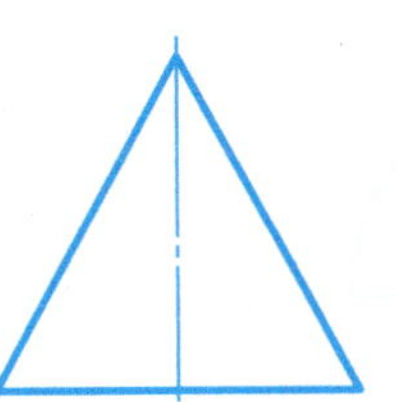

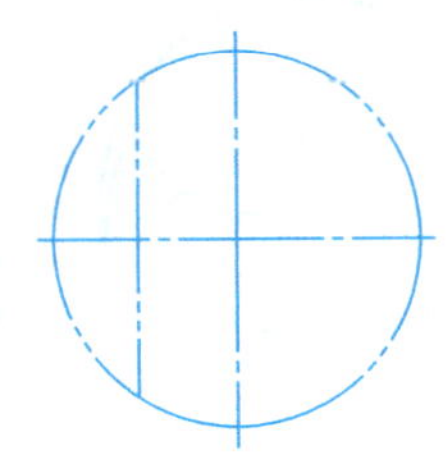

（2）

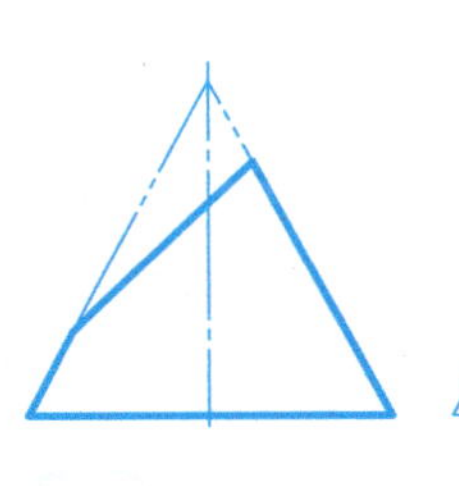

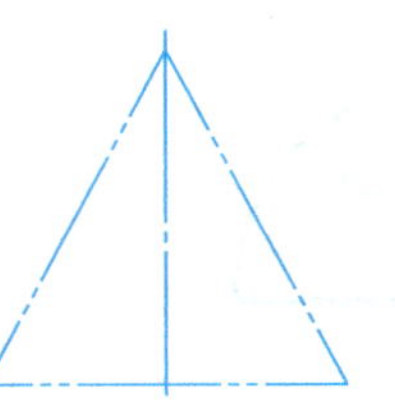

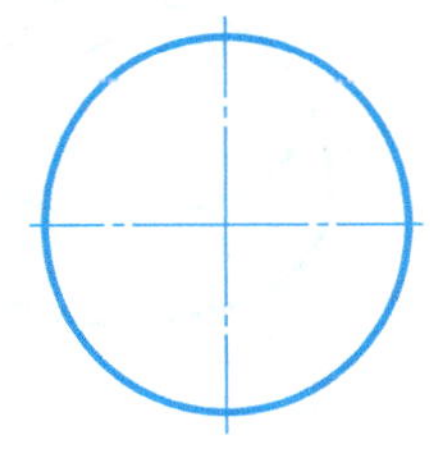

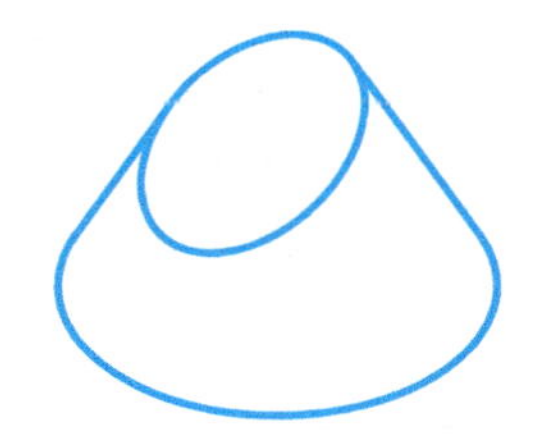

（3）

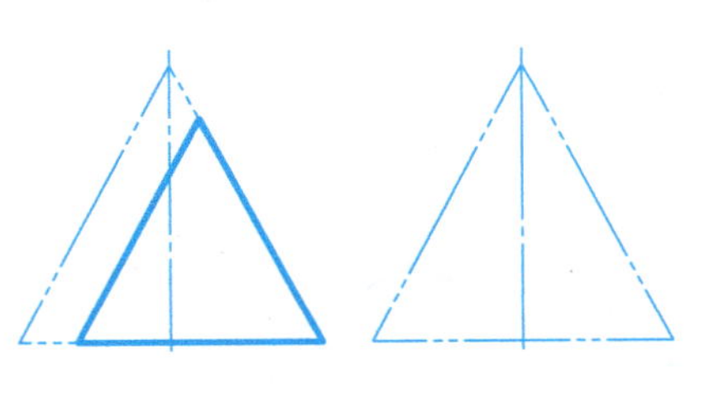

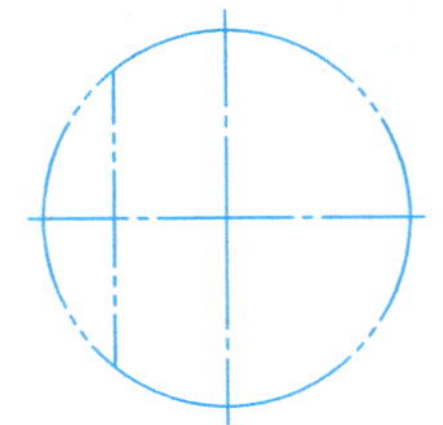

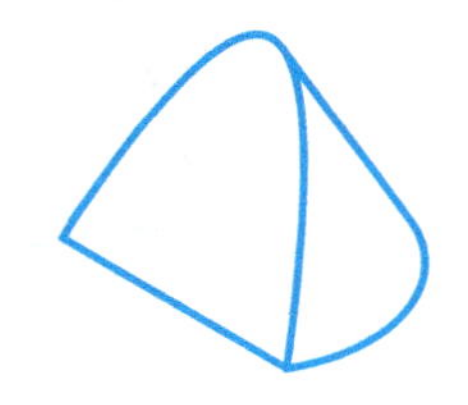

（4）

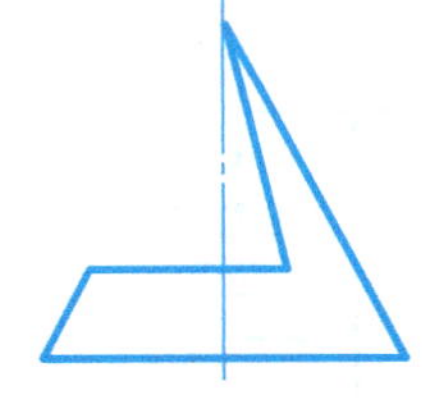

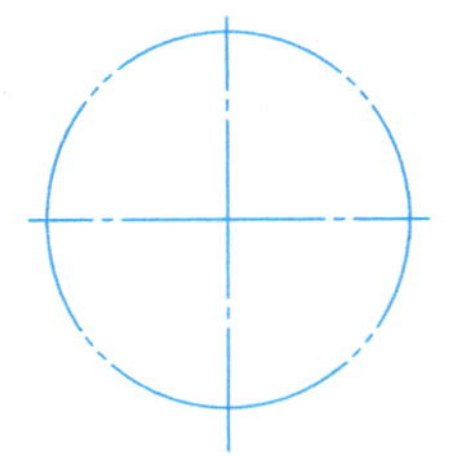

3-9　平面与常见回转体相交（续）

3. 补全圆球截切体的三面投影。

(1)　　　　　　　　　　　　　　　　(2)

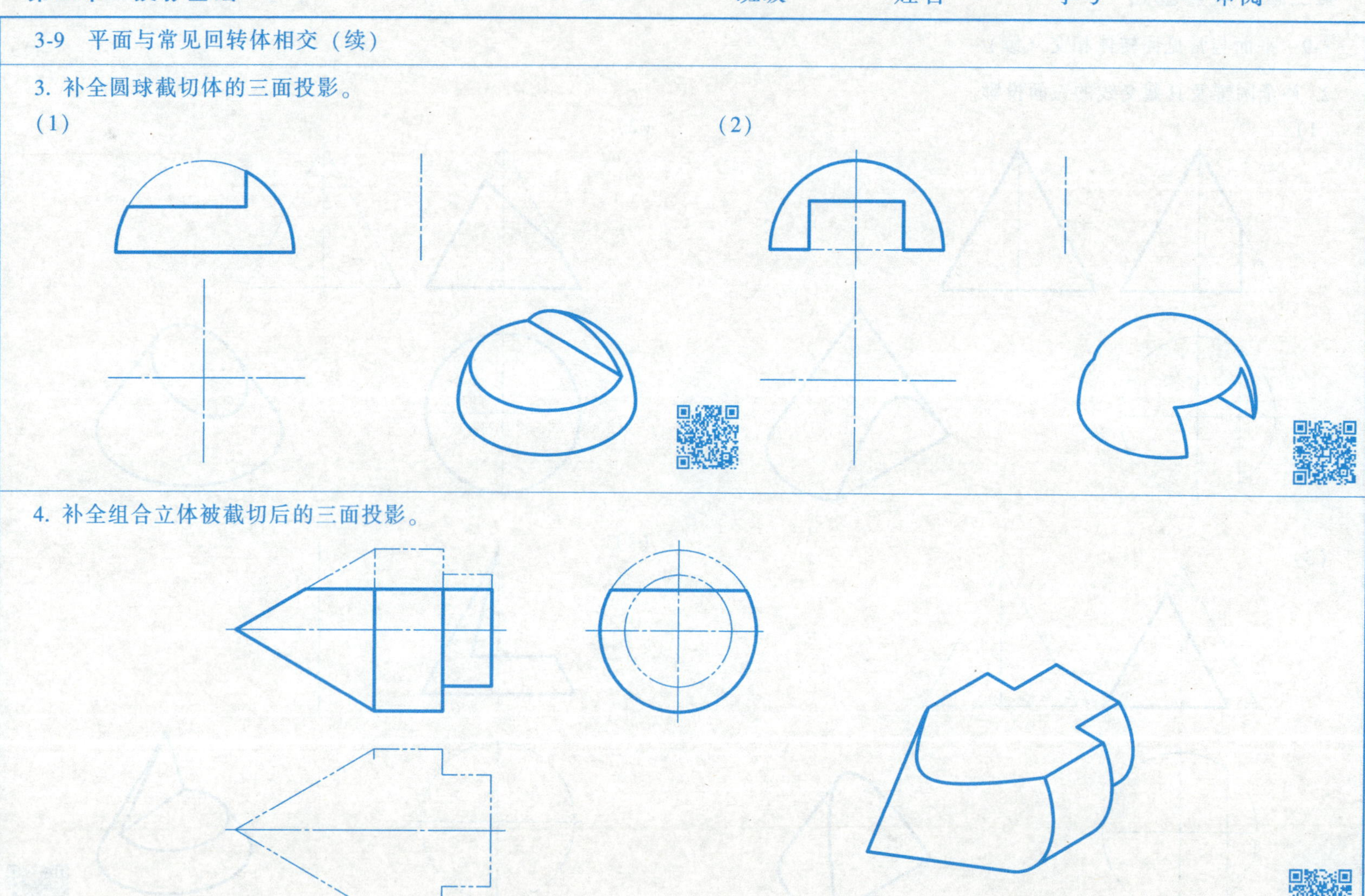

4. 补全组合立体被截切后的三面投影。

3-10　立体与立体相交

1. 补全圆柱与圆柱相交的正面投影。

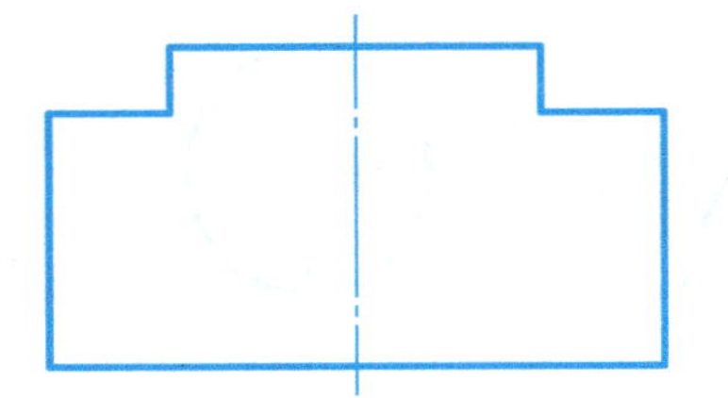
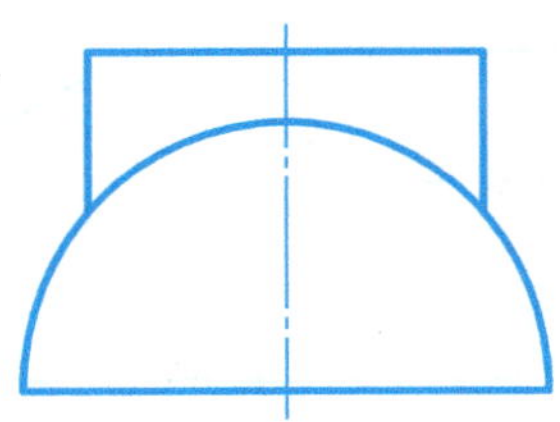
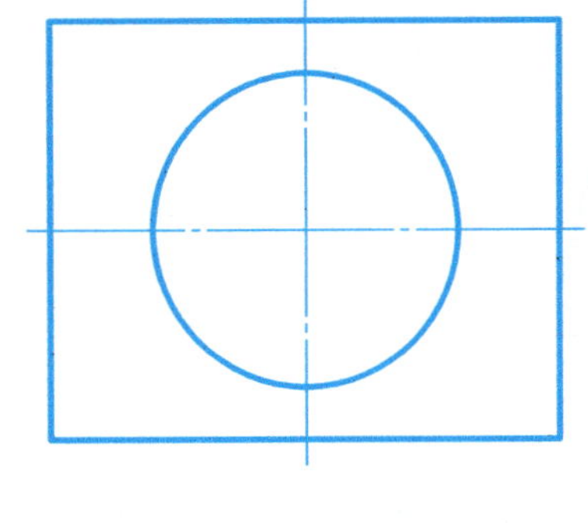
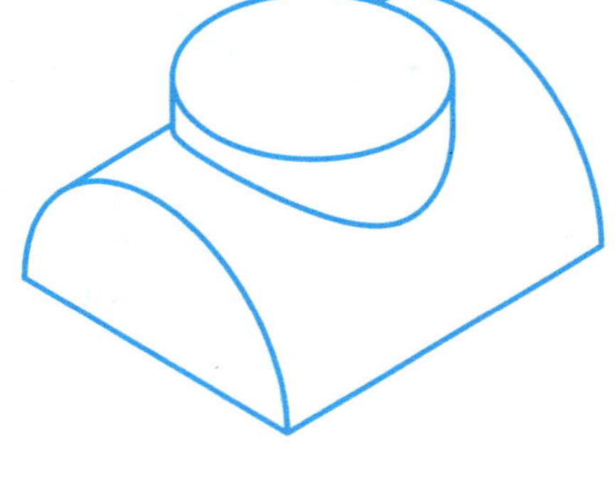

2. 补全圆柱与三棱柱相交的三面投影。

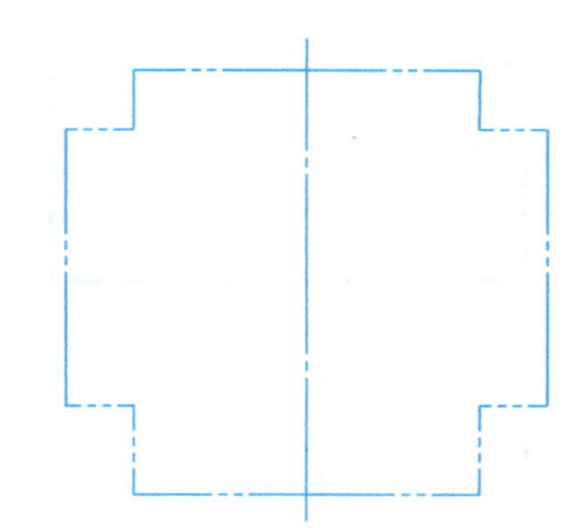
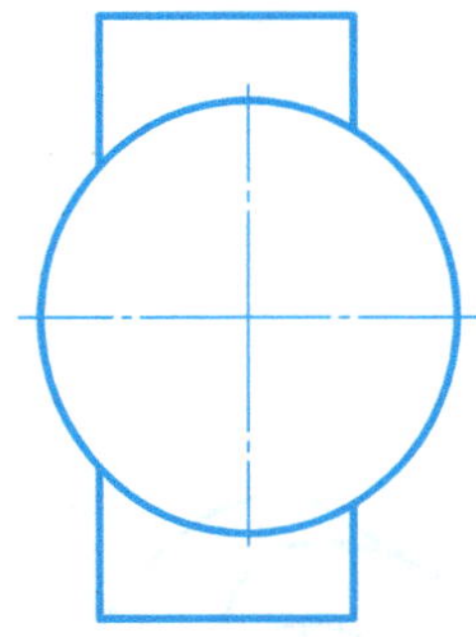
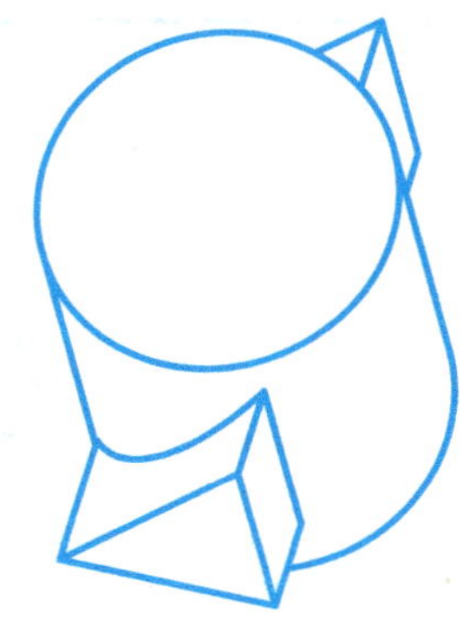

3-10　立体与立体相交（续）

3. 补全圆柱与圆柱交线的正面投影。

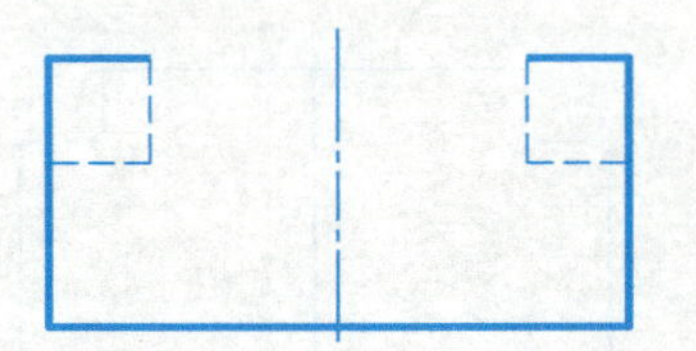

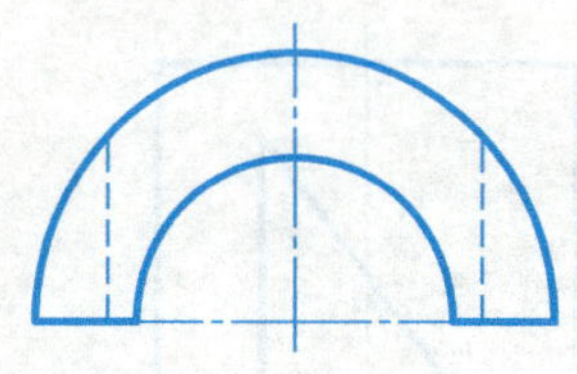

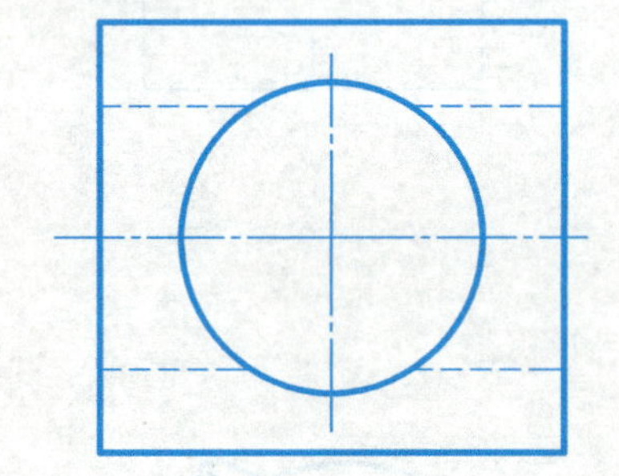

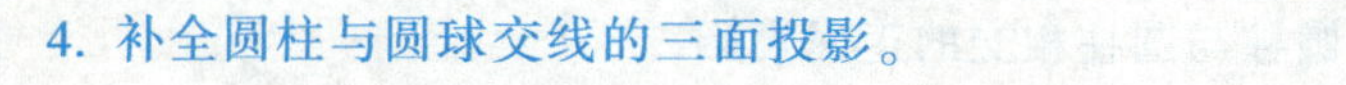
4. 补全圆柱与圆球交线的三面投影。

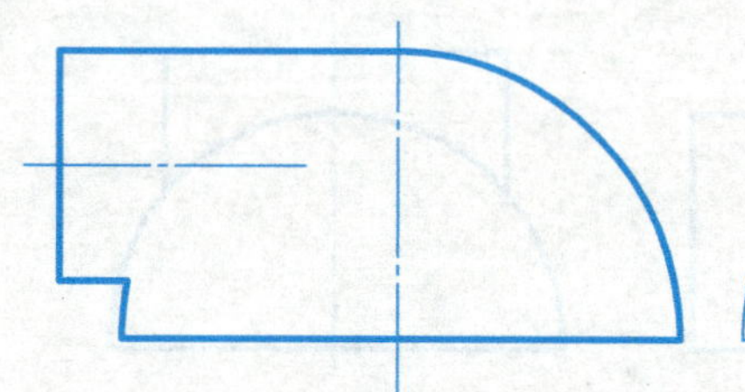

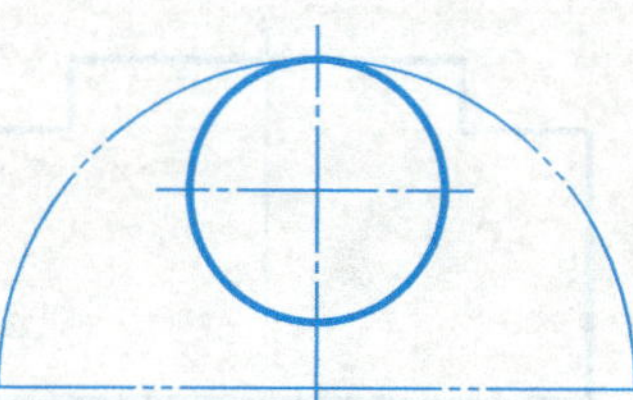

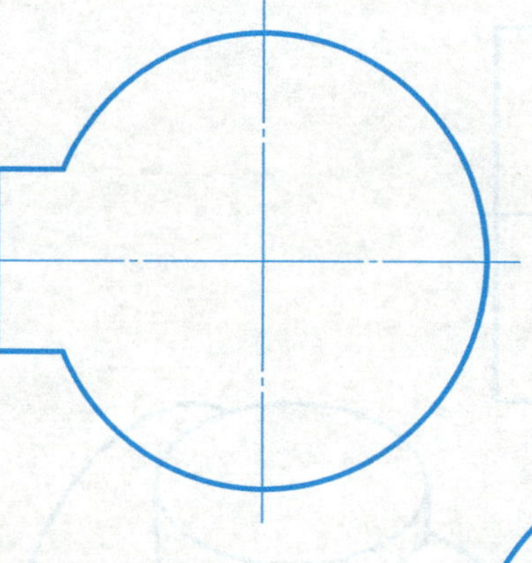

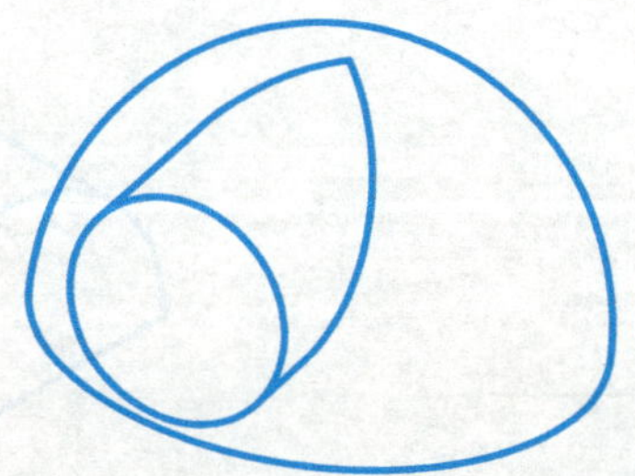

3-10　立体与立体相交（续）

5. 补全圆柱与圆锥交线的正面和水平投影。

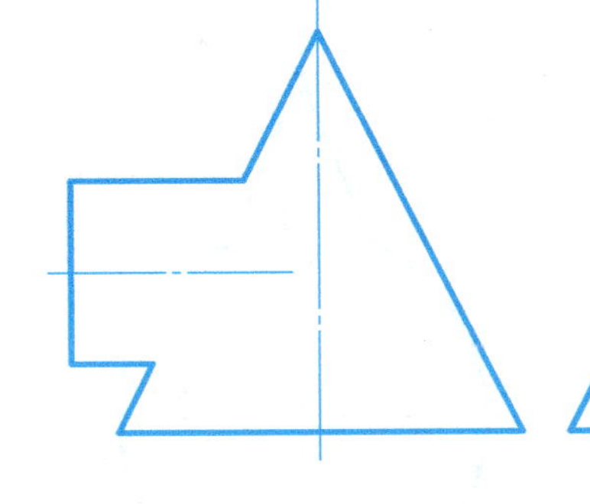

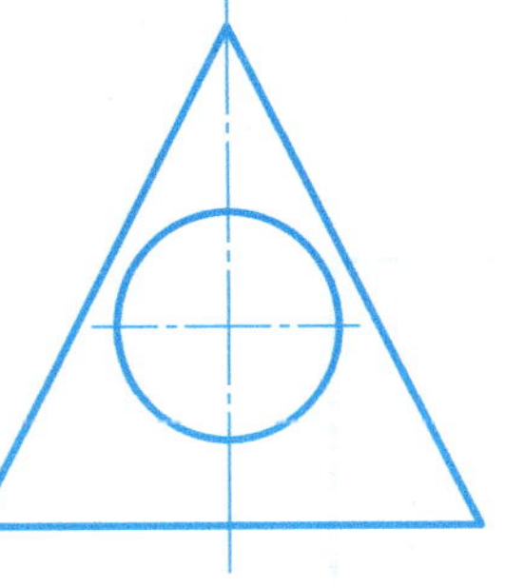

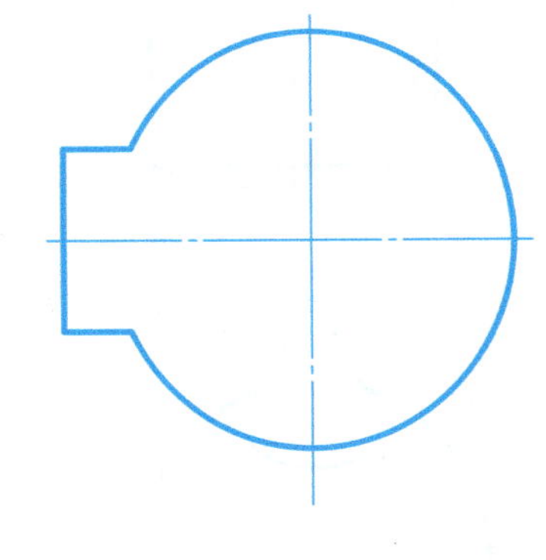

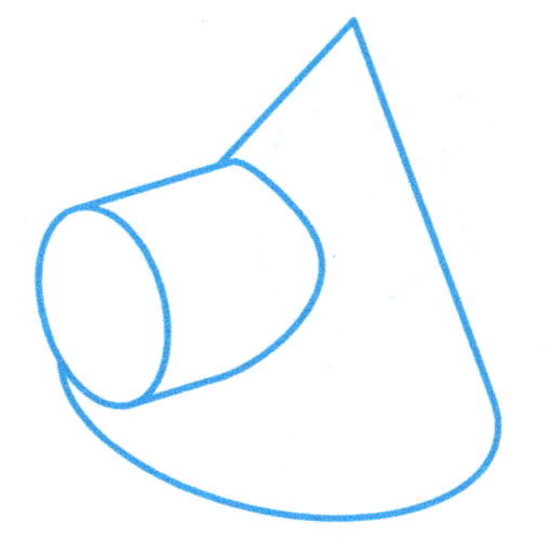

6. 补全圆柱与组合立体交线的正面和水平投影。

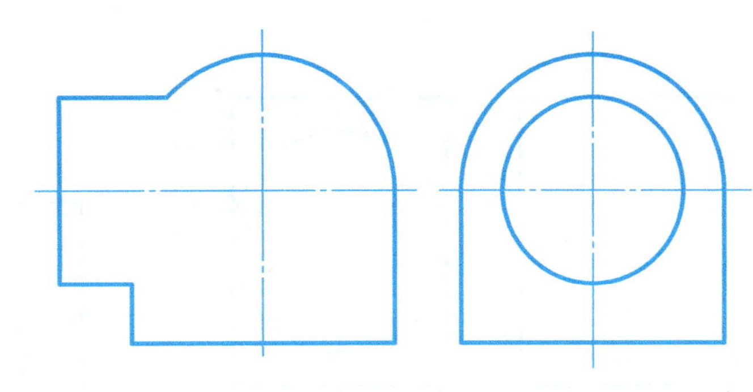

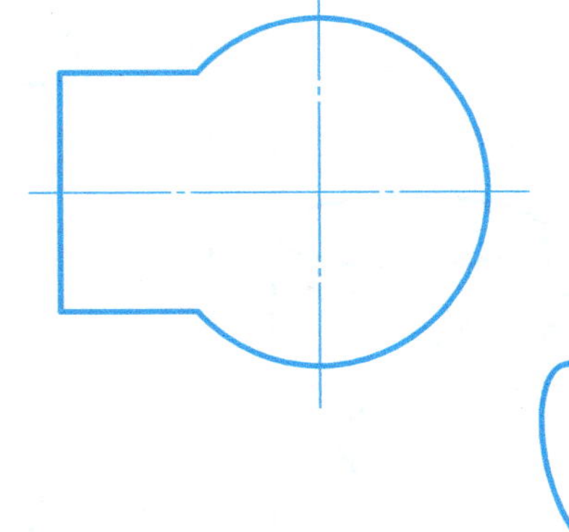

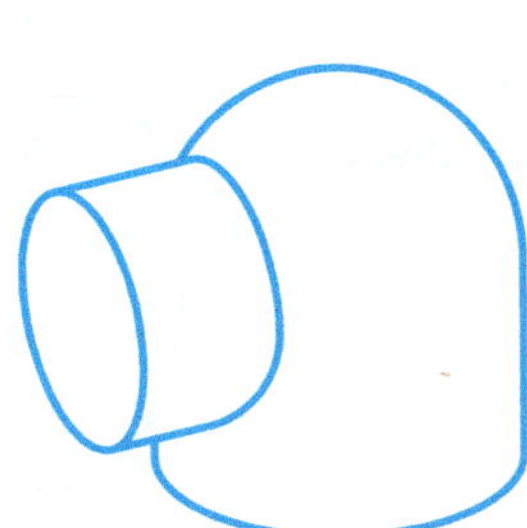

3-10　立体与立体相交（续）

7. 补全立体交线的正面投影。

8. 补全圆柱与圆锥交线的投影。

9. 补全圆柱、圆锥与圆球交线的投影。

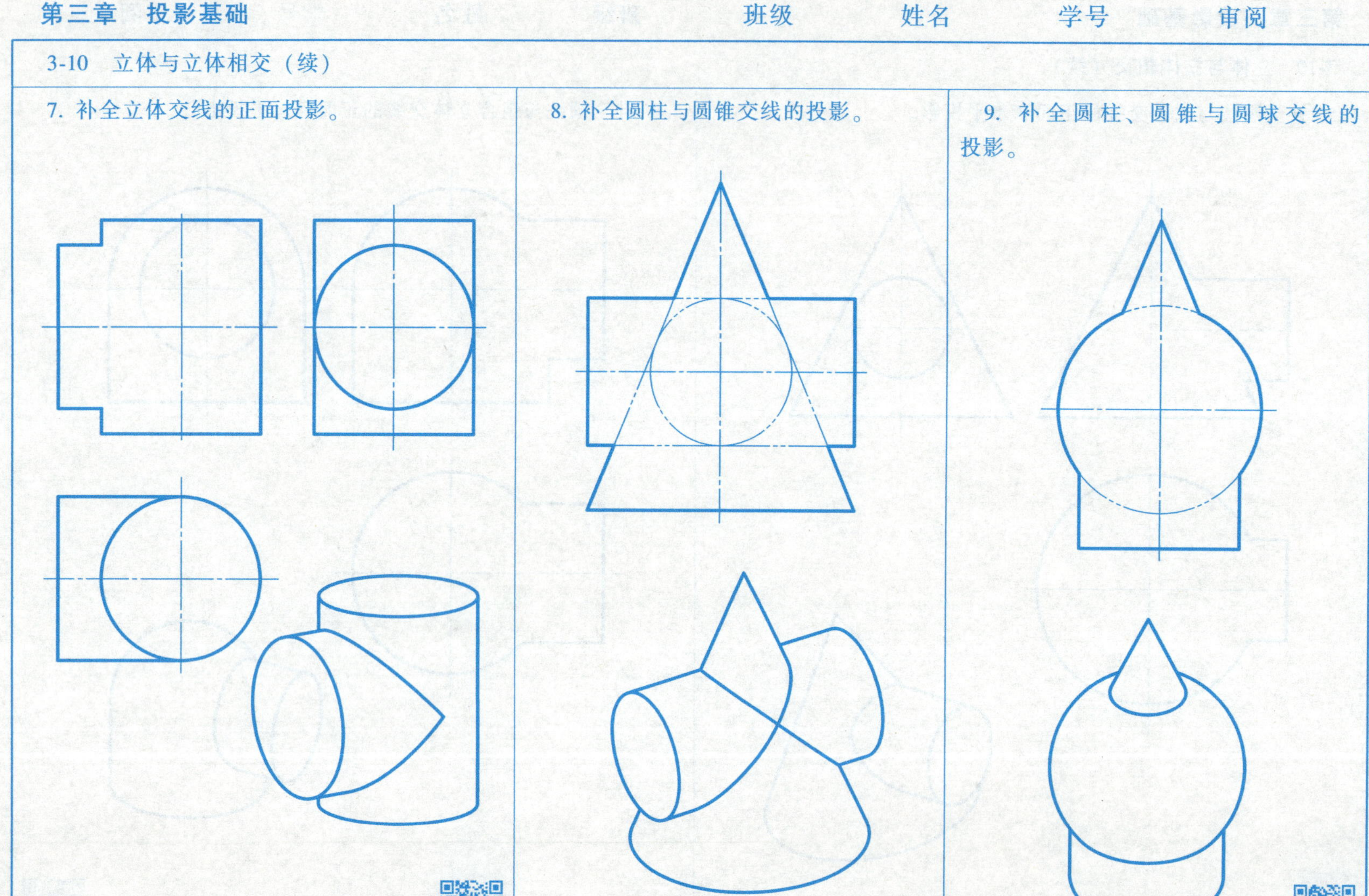

3-11　换面法

1. 用换面法求直线 AB 的实长。

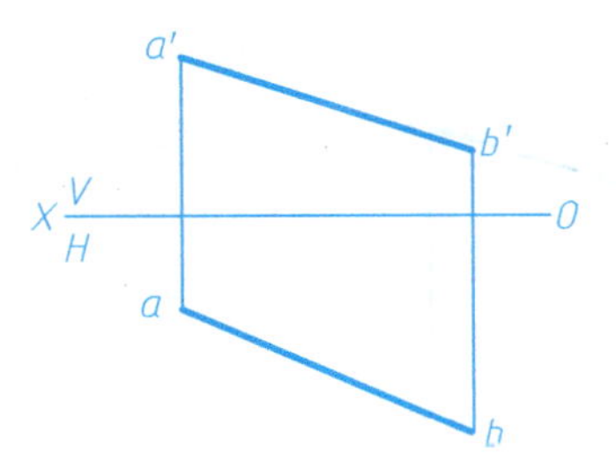

2. 已知直线 AB 的实长为 30mm，求 ab。

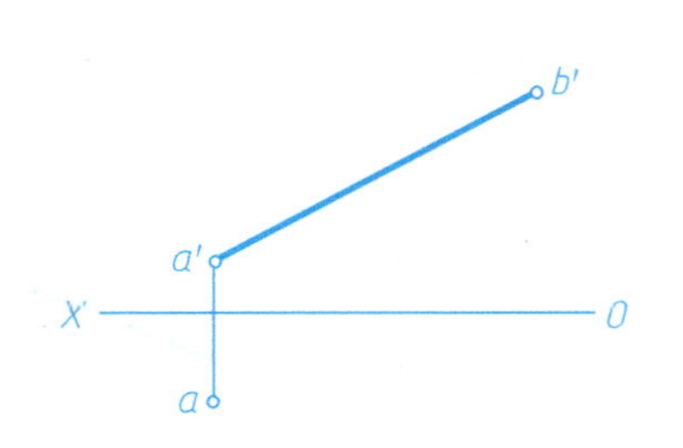

3. 求点 K 到平面 ABC 的距离，并画出其 V、H 面投影。

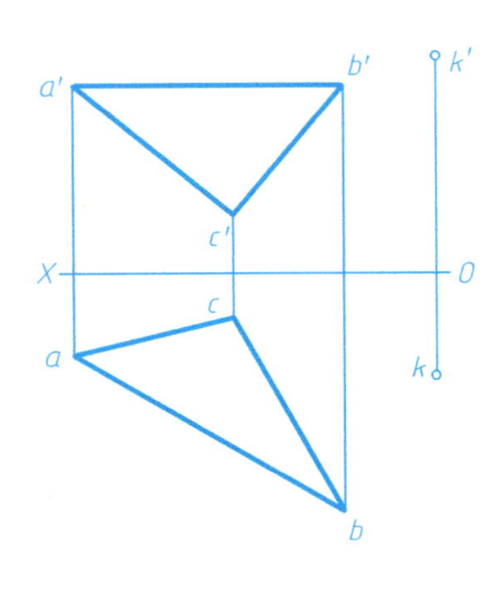

4. 画出物体上带圆孔的倾斜部分的实形。

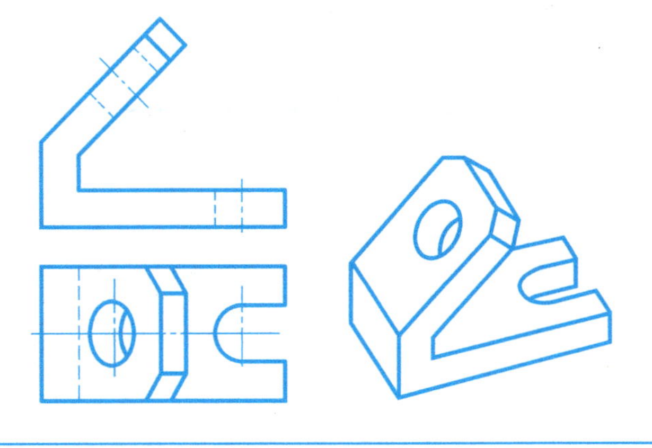

3-11　换面法（续）

5. 已知直线 BC 为等腰 $\triangle ABC$ 的底边，高 AD 的实长为 18mm，且点 A 在 V 面内，求 $\triangle ABC$ 的两面投影。

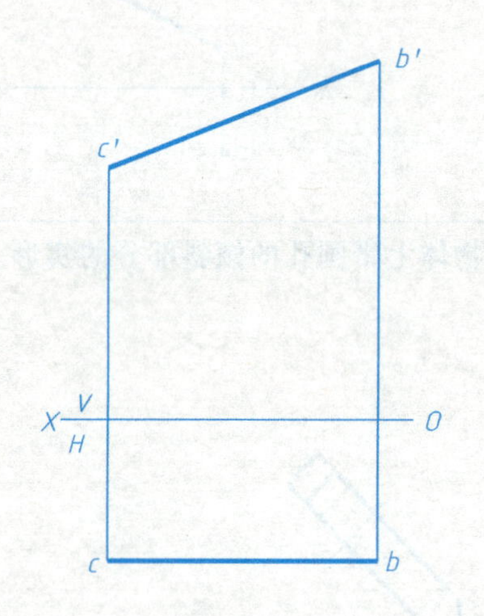

6. 求交叉两直线的公垂线（实长和投影）。

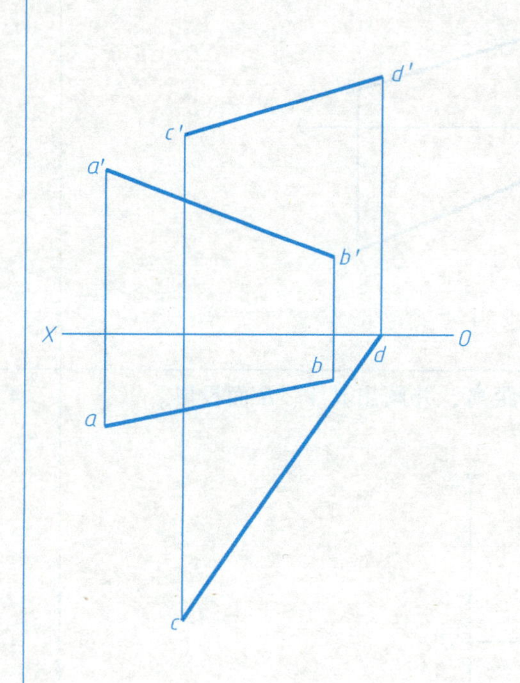

4-1　立体的构成分析

请分析下列立体的构成，在图上标出构成各部分的主要特征和次要特征，并说明其形成方式。

1.

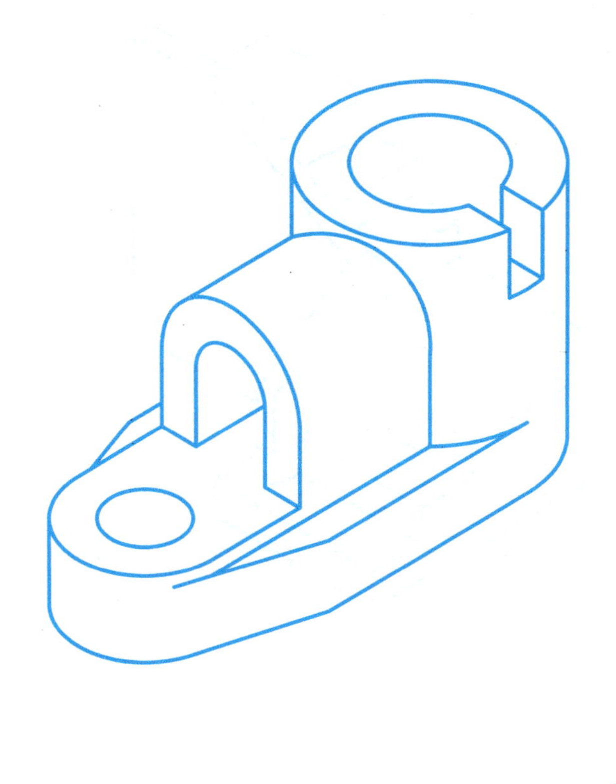

2.

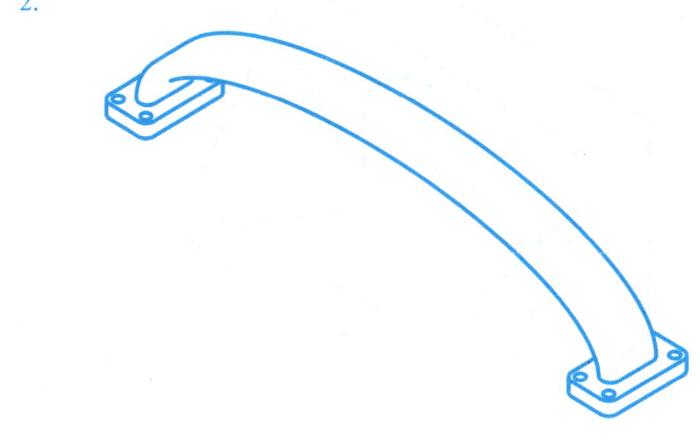

3.

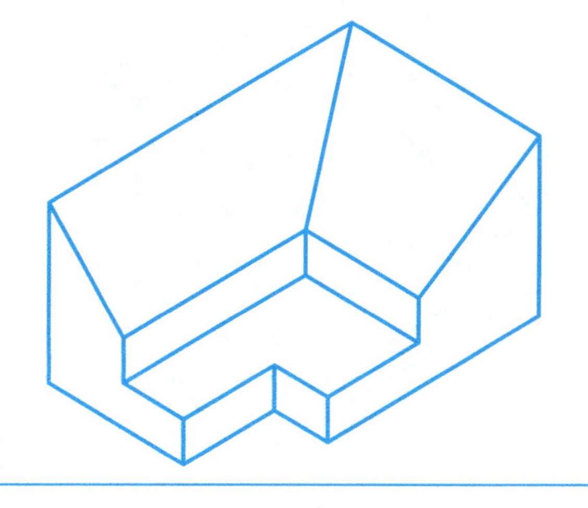

4-1　立体的构成分析（续）

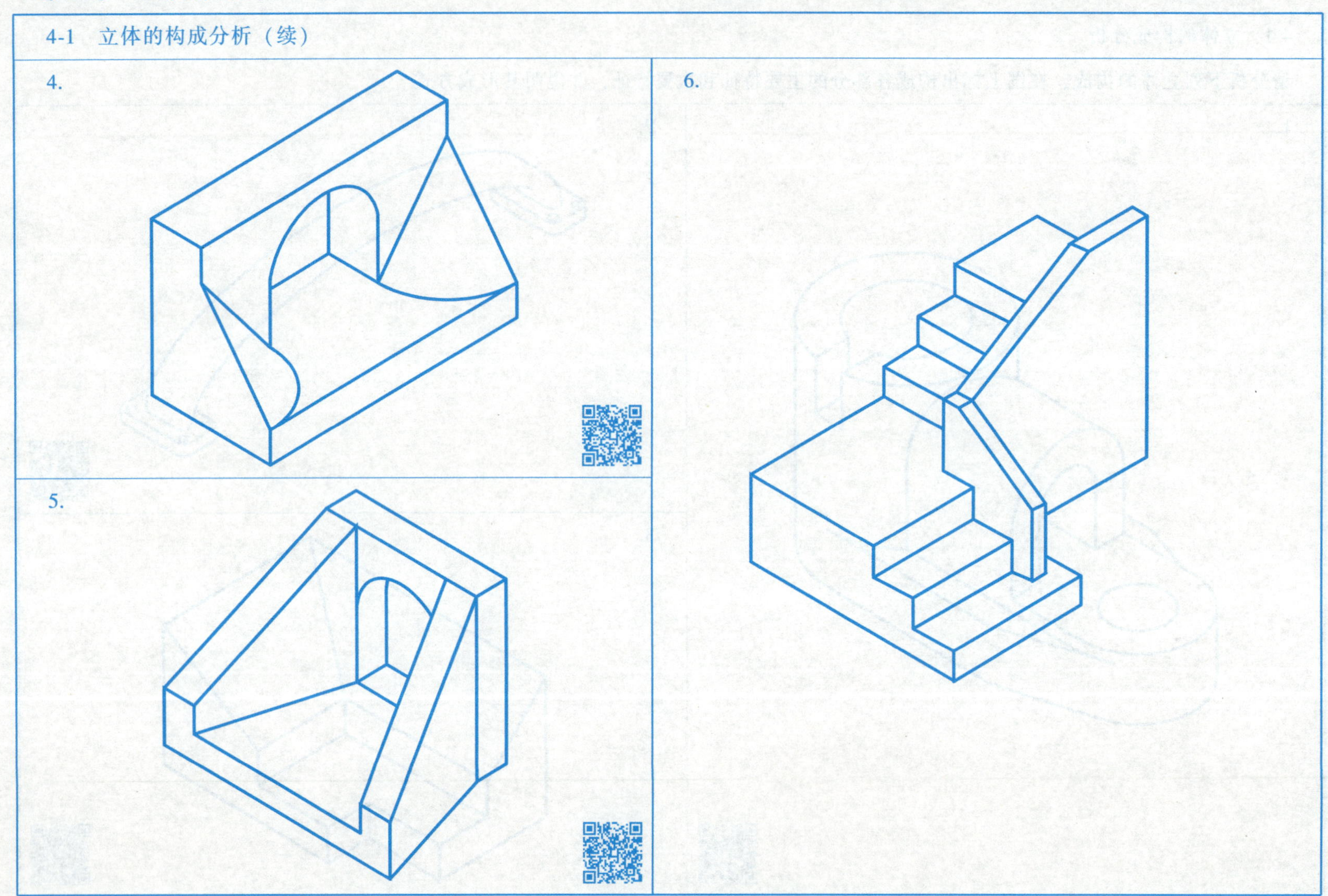

4-2　根据立体图绘制形体的三视图（未注明的孔和槽为通孔和通槽）

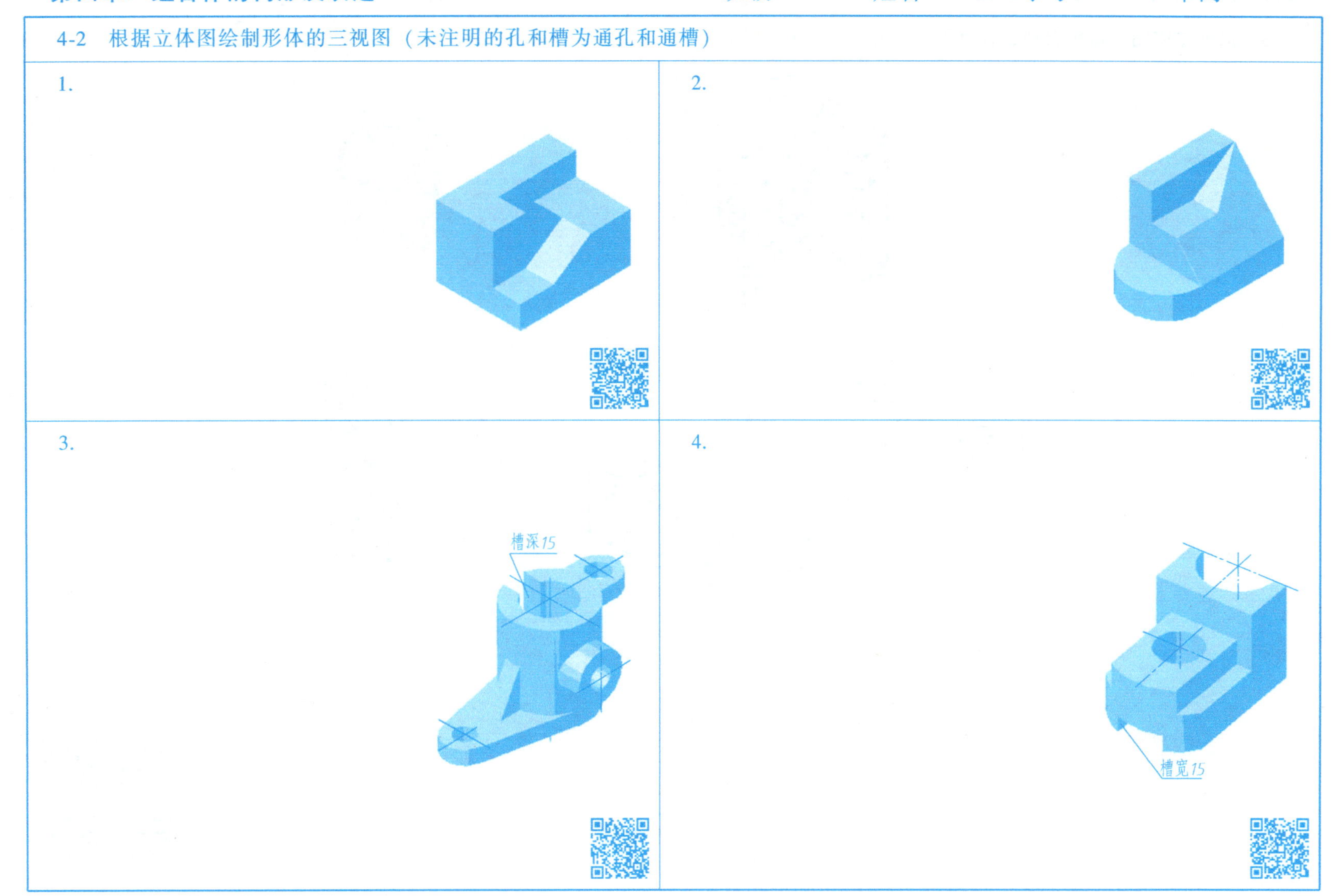

4-3　根据立体图构造组合体，在软件中建立三维模型（表面连接方式可以是平齐、贴合、相交，尺寸自行确定）

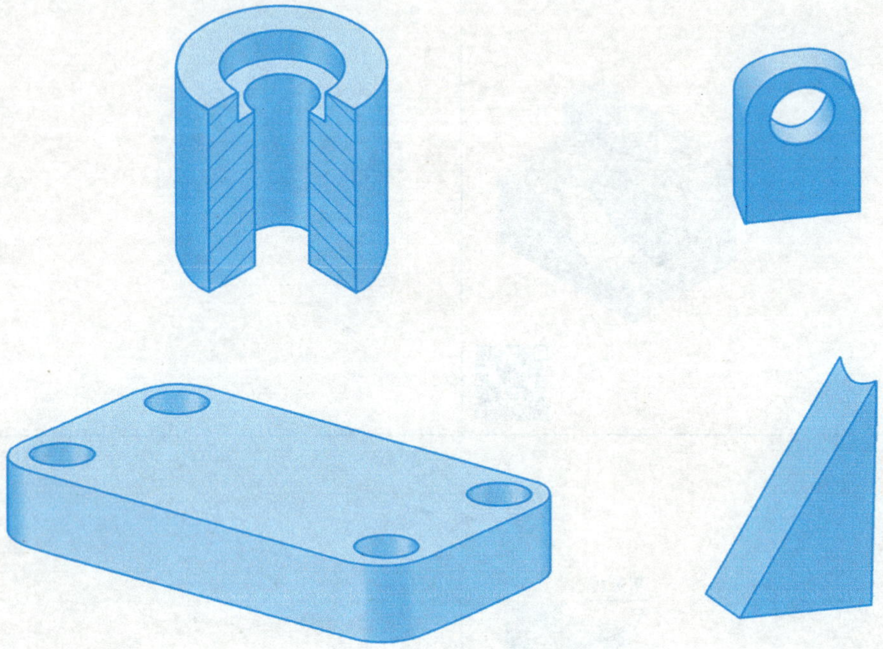

4-4 组合体的构形设计

设计题目 1——设计一个水晶玻璃花瓶，用于观赏或装点餐桌。

花瓶的结构可分为瓶体和瓶底两部分。瓶体部分的设计，尺寸上应考虑使用环境和插花的需要，造型上应充分展现水晶玻璃晶莹剔透的质感；瓶底部分的设计，形状及尺寸上应考虑花瓶的稳定性需要。右图所示为水晶玻璃花瓶的一款设计示例及其投影图。

（1）设计参考图：

水晶玻璃花瓶，如右图所示。

（2）设计要求：瓶体深 150mm 左右，其他部分的设计应有独特的创意，简洁大方，具有实用性、观赏性和趣味性，适合餐桌使用。

（3）设计任务：

1）设计花瓶结构、绘制设计草图、确定各部分尺寸。

2）创建其三维模型。

3）绘制花瓶的投影图，并标注尺寸。

4）编写设计说明书。

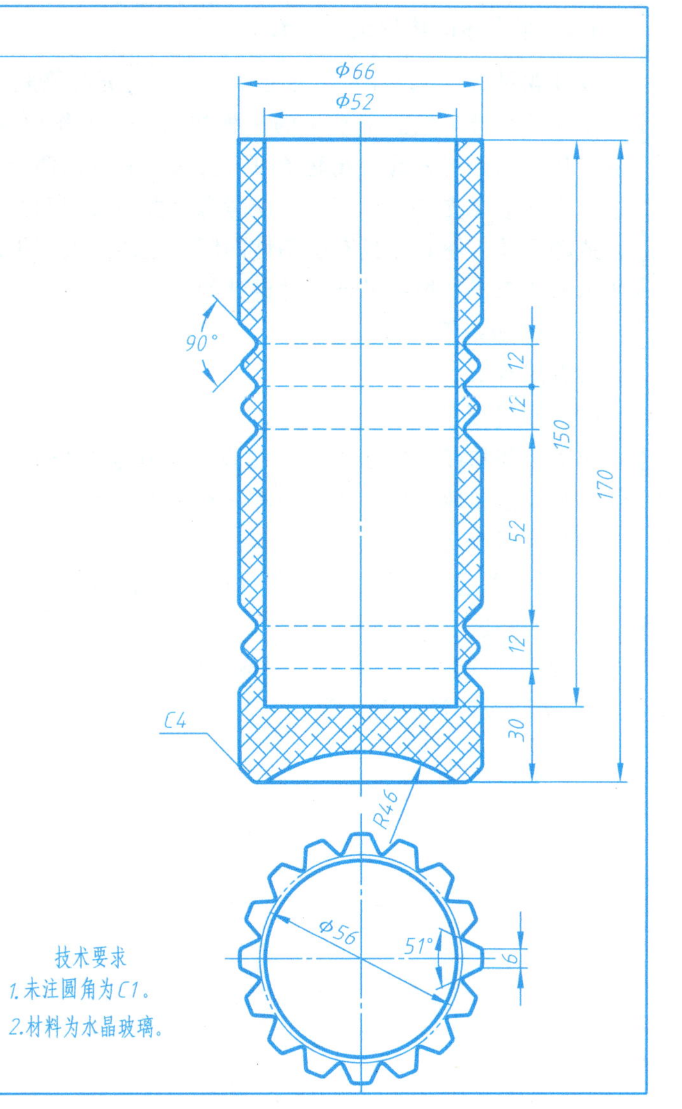

4-4 组合体的构形设计（续）

设计题目 2——设计一个瓶起子，用来打开啤酒瓶。

瓶起子是日常生活中常见的一种物品，其工作原理是利用杠杆原理来轻松撬开瓶盖。从功能分析来看，瓶起子可分为头部和杆部两个部分。头部设计应与瓶盖大小相适应，并形成支点；杆部设计应考虑手握的长度和开瓶的舒适度。在此基础上进行各种造型设计，使其在具有实用性的同时也能给人们带来快乐，丰富我们的生活。右图所示的瓶起子是根据设计条件设计的一个案例。

（1）已知条件：

如右图所示。

（2）设计要求：

起子头部和杆部尺寸参考右图设计，其他部分的设计应有独特的创意，具有实用性、观赏性和趣味性，使用舒适、不易变形、携带方便。

（3）设计任务：

1）设计瓶起子结构、绘制设计草图、确定各部分尺寸。

2）创建其三维模型。

3）绘制瓶起子的三视图，并标注尺寸。

4）编写设计说明书。

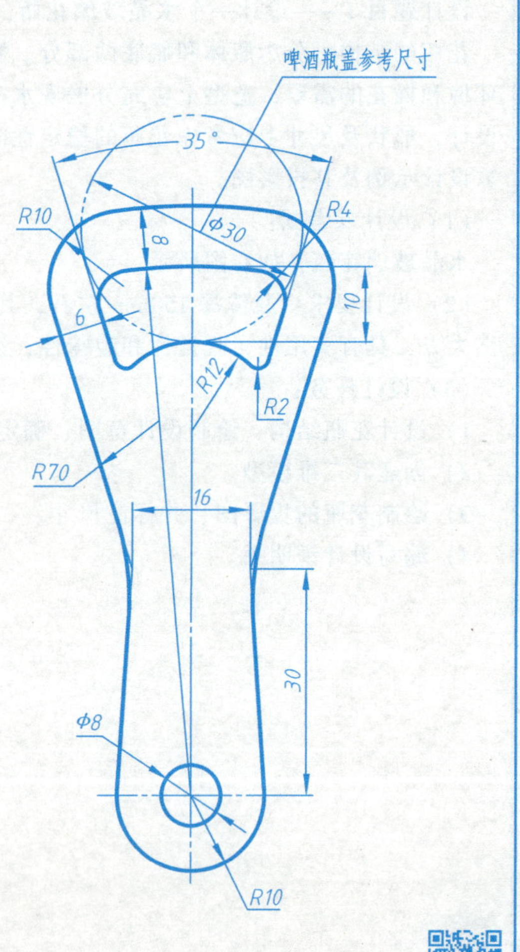

4-5　参照立体图，改正视图中的错误（少线处补线，并在多余的线上画叉）

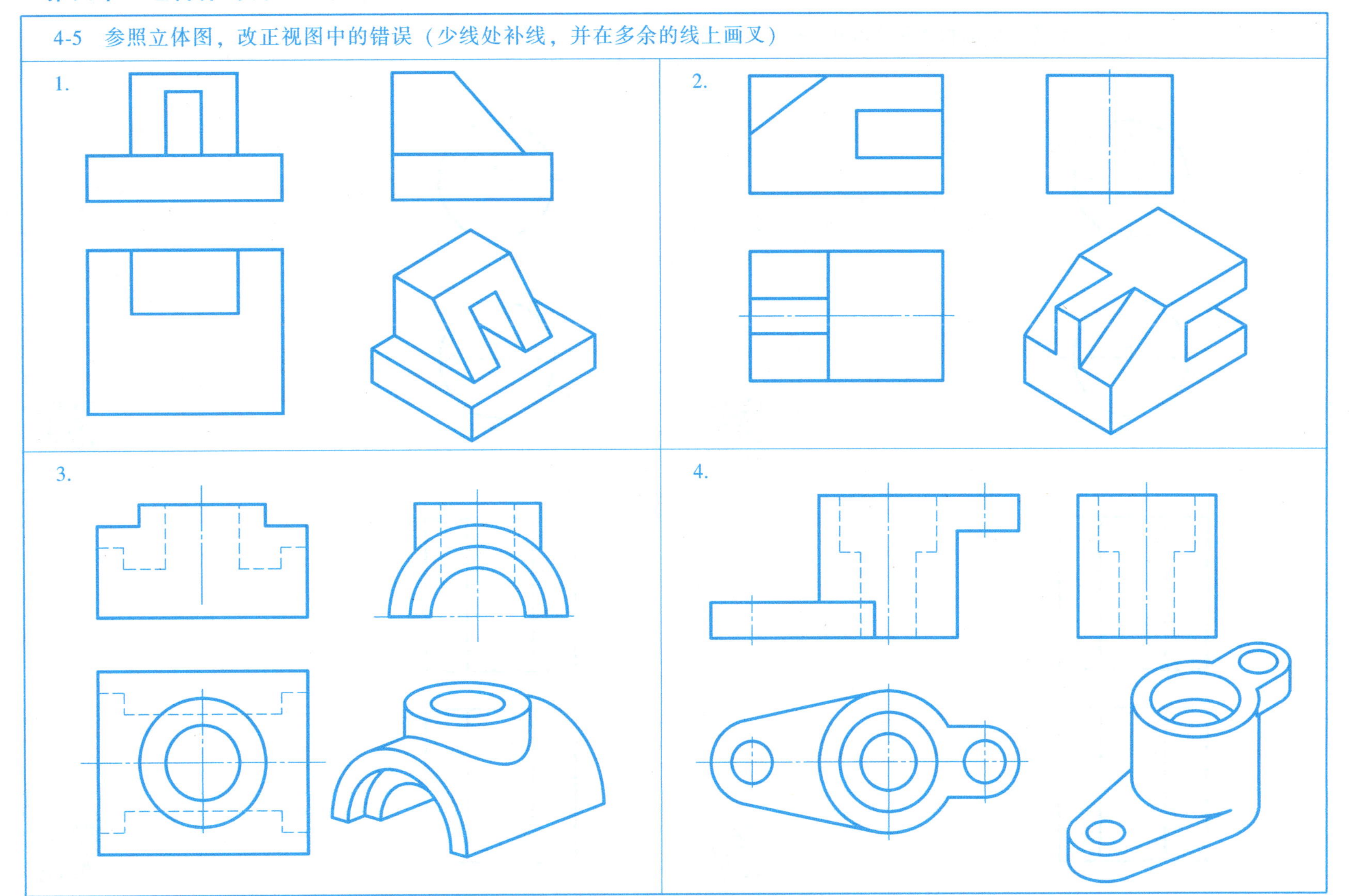

4-6 根据已知的投影，构思不同的物体并画出其三视图

1.

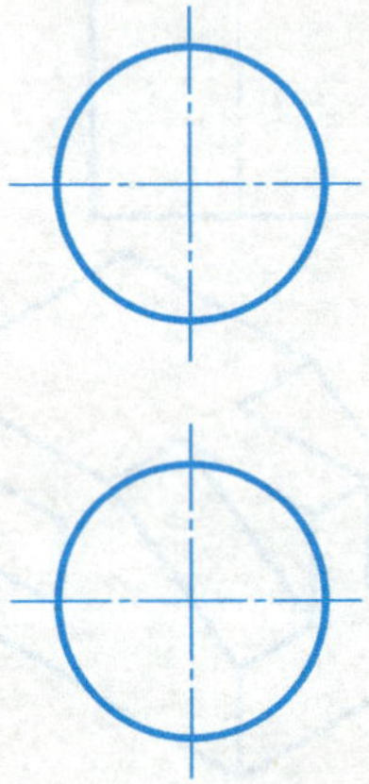

2.

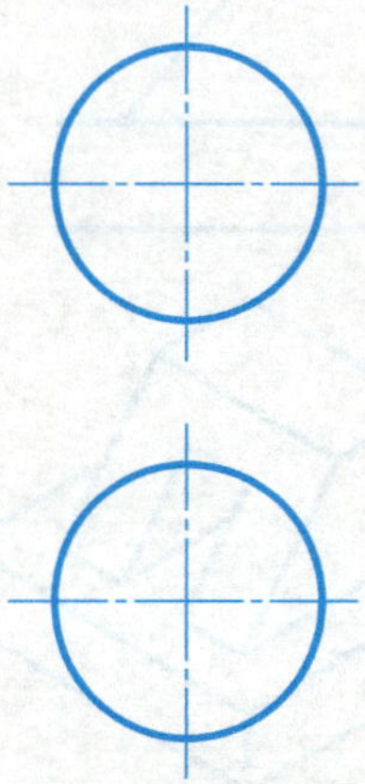

3.

4.

4-6　根据已知的投影，构思不同的物体并画出其三视图（续）

5.

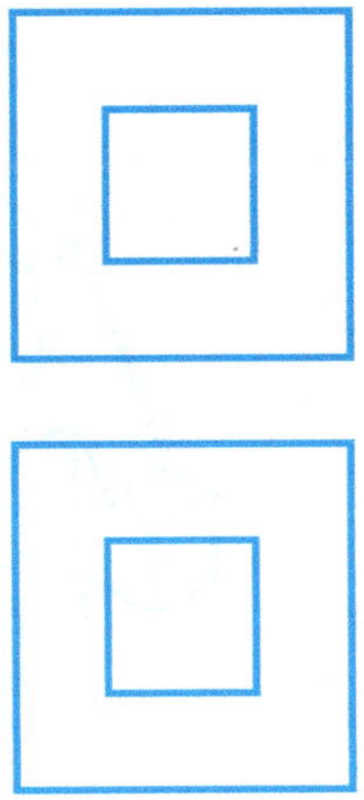

6.

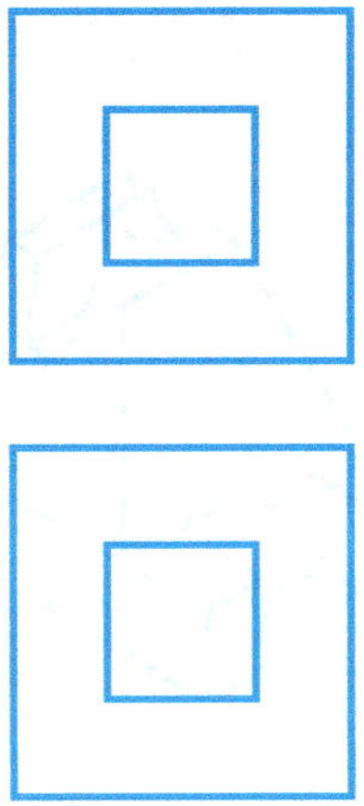

7.

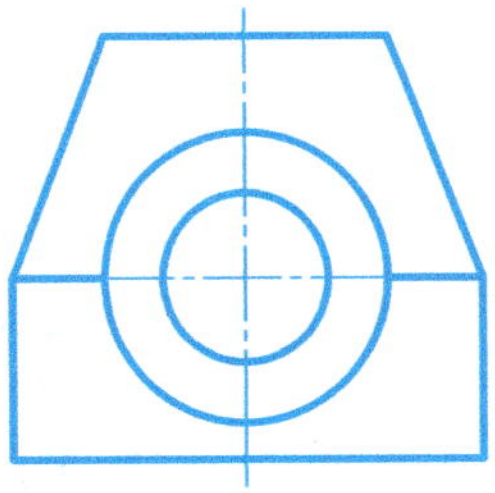

8.

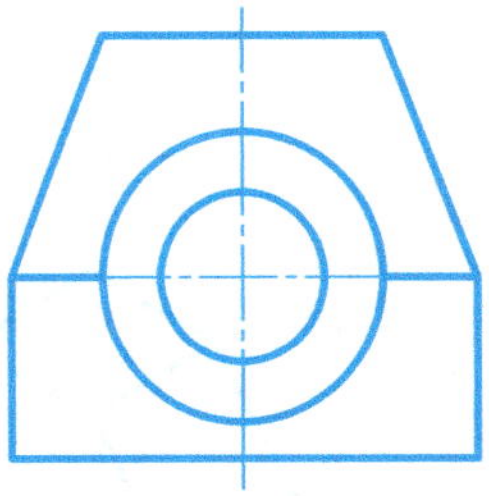

4-7　根据已知轴测图绘制三视图，尺寸从轴测图上直接量取

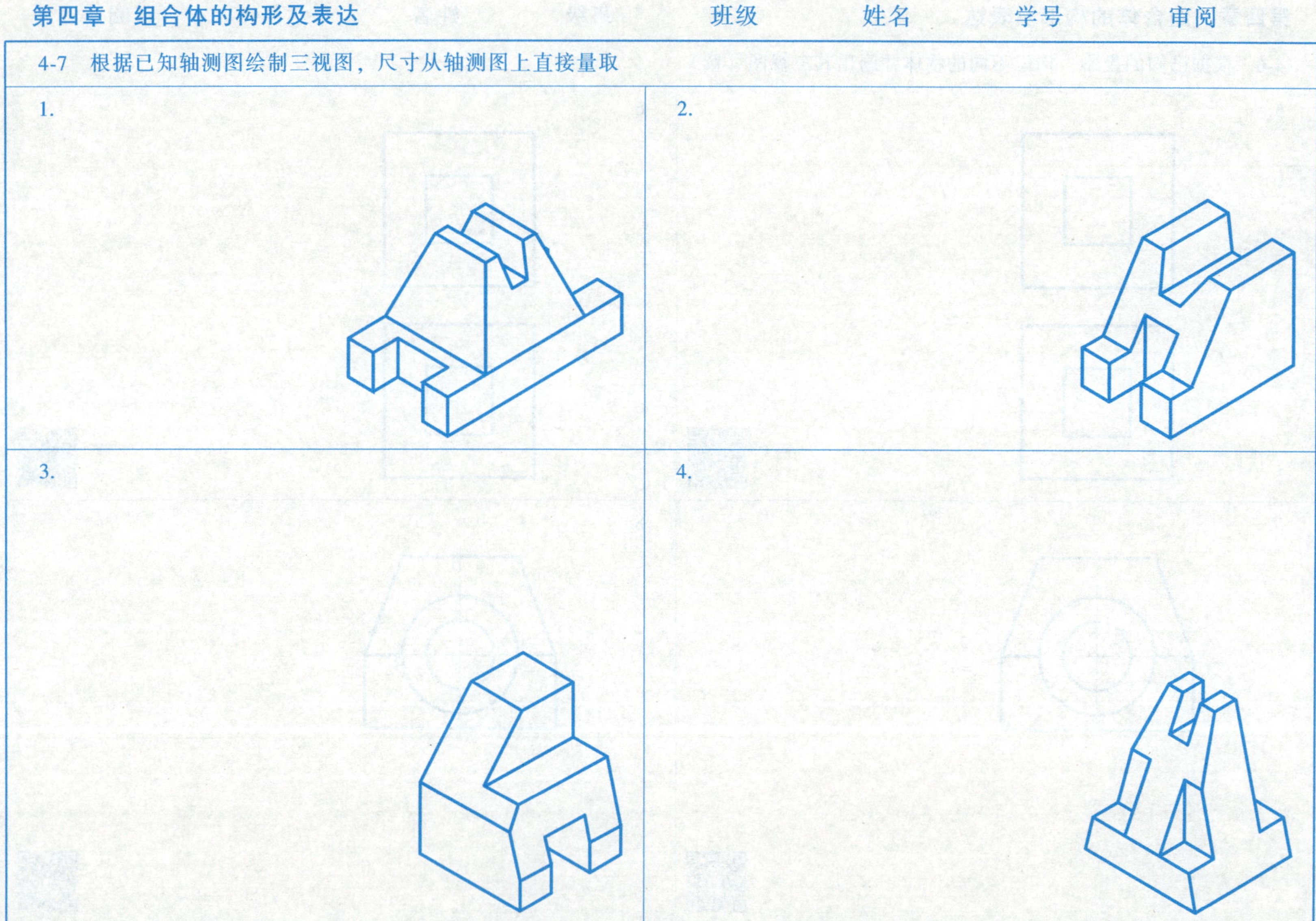

4-7　根据已知轴测图绘制三视图，尺寸从轴测图上直接量取（续）

5.

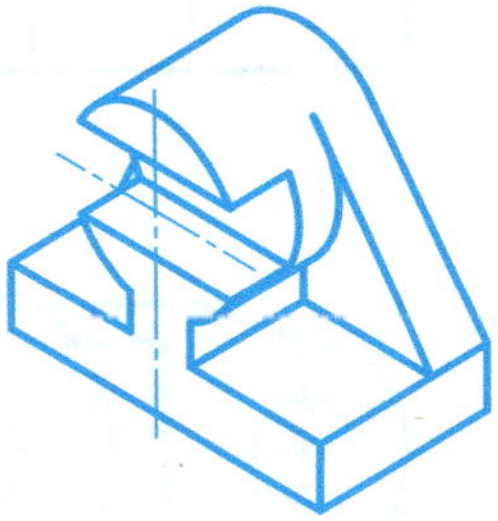

6.

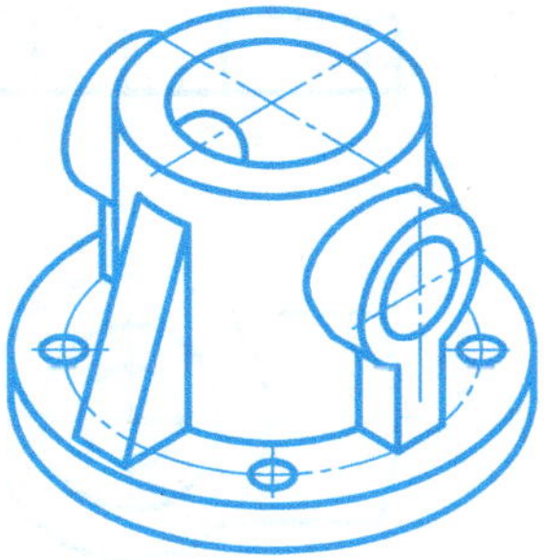

7.

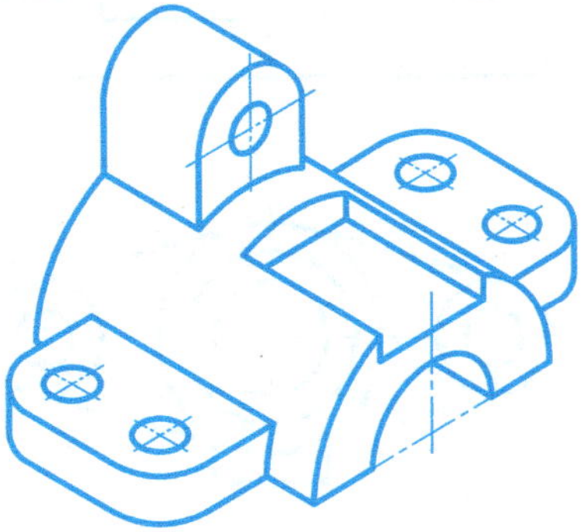

8.

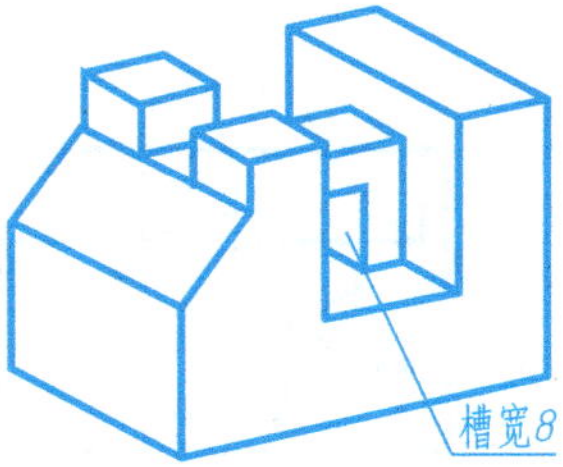

槽宽8

4-8　在形体的视图上标注尺寸（尺寸数值从图上直接测量并取整），并建立其三维模型

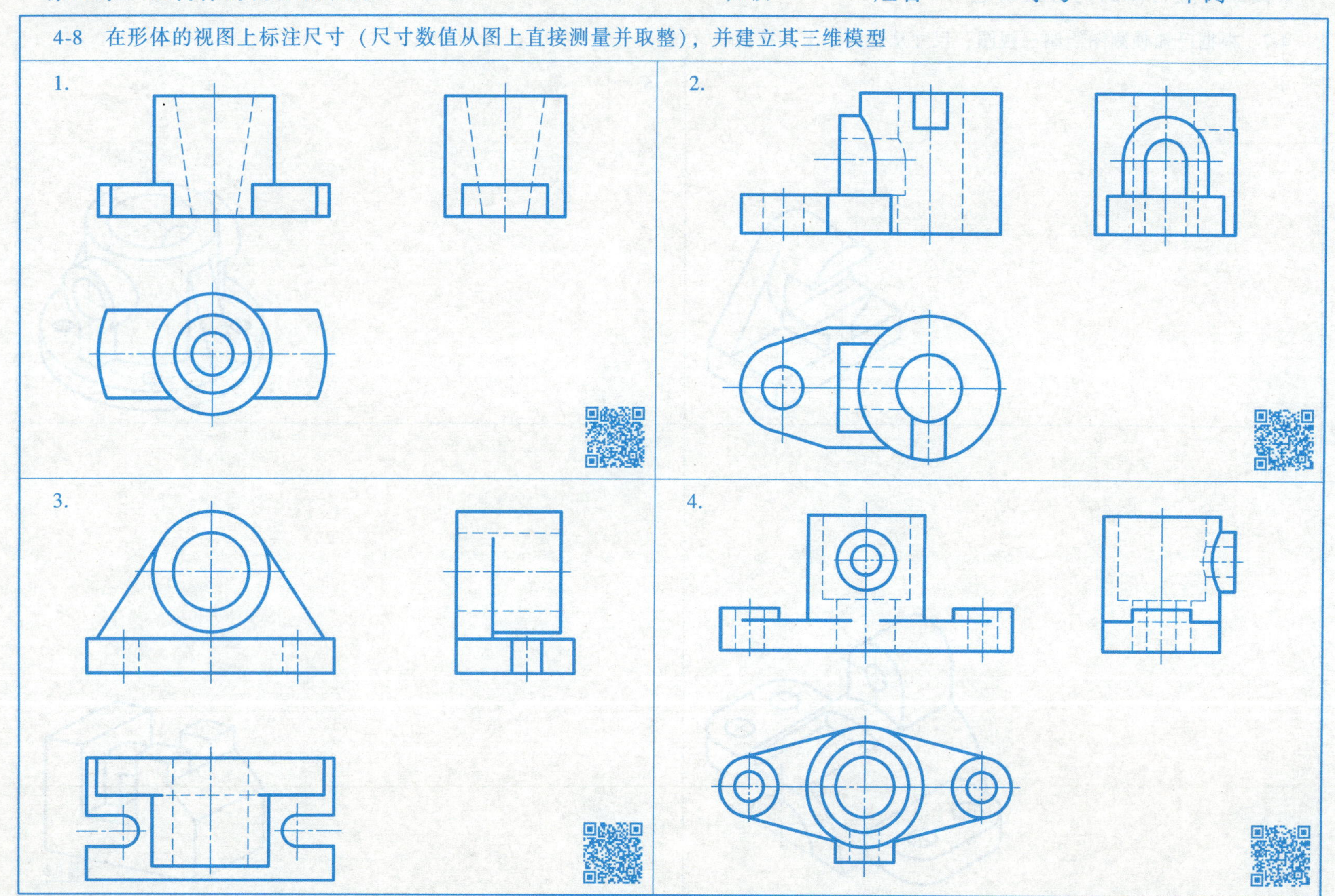

4-8 在形体的视图上标注尺寸（尺寸数值从图上直接测量并取整），并建立其三维模型（续）

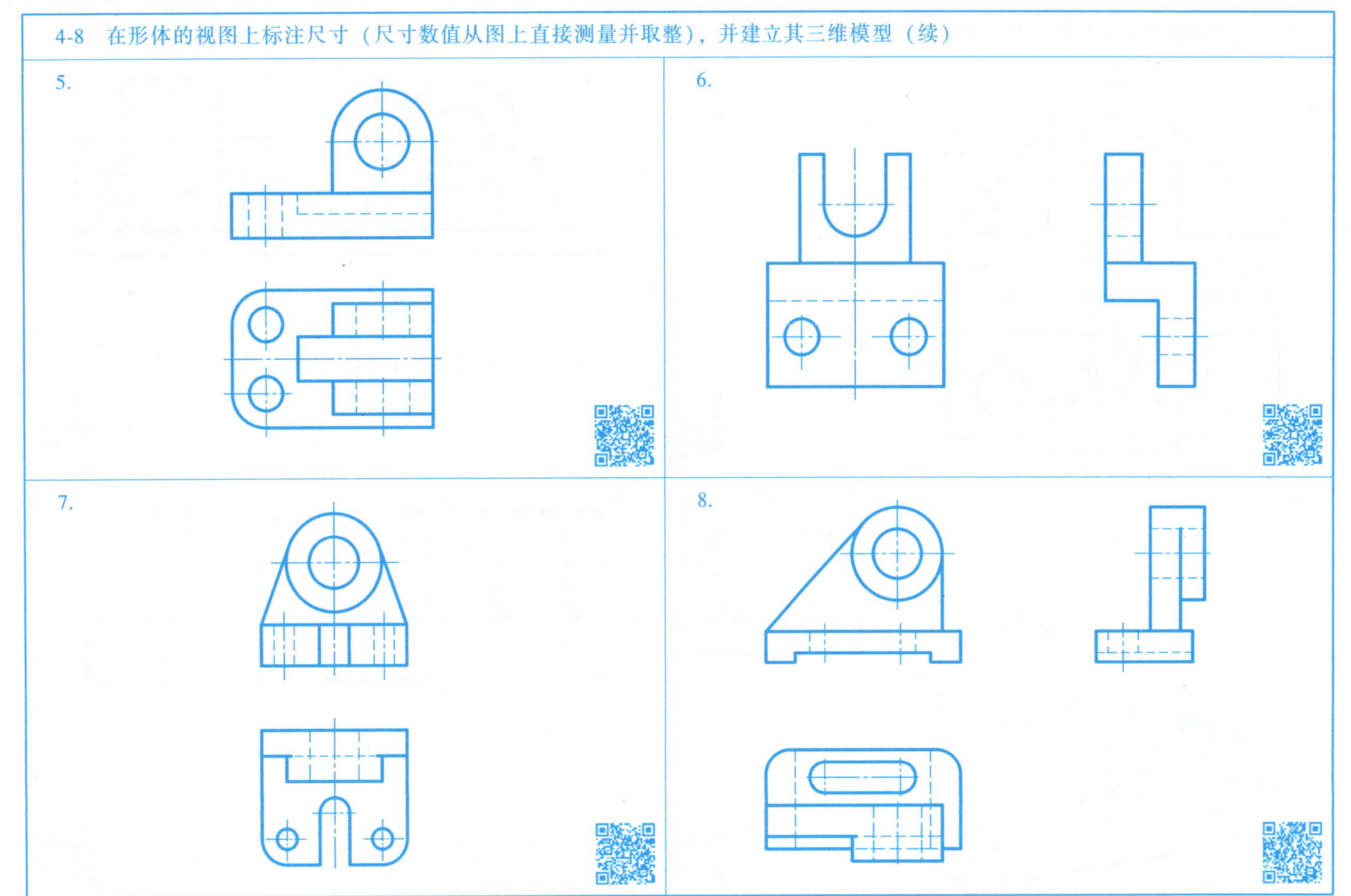

4-9　已知立体的两个视图，求作第三视图（未注明的孔和槽均为通孔和通槽）

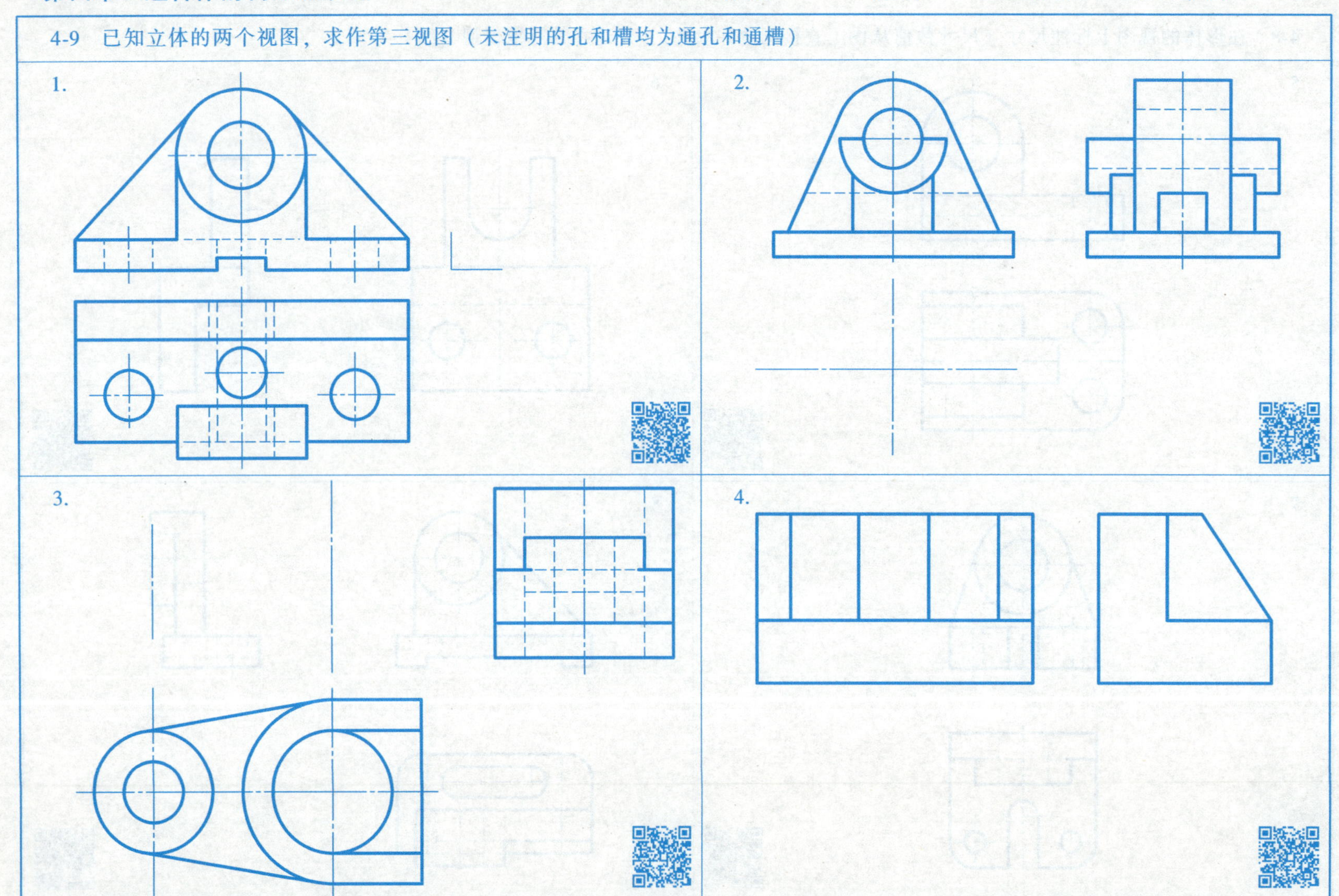

4-9　已知立体的两个视图，求作第三视图（未注明的孔和槽均为通孔和通槽）（续）

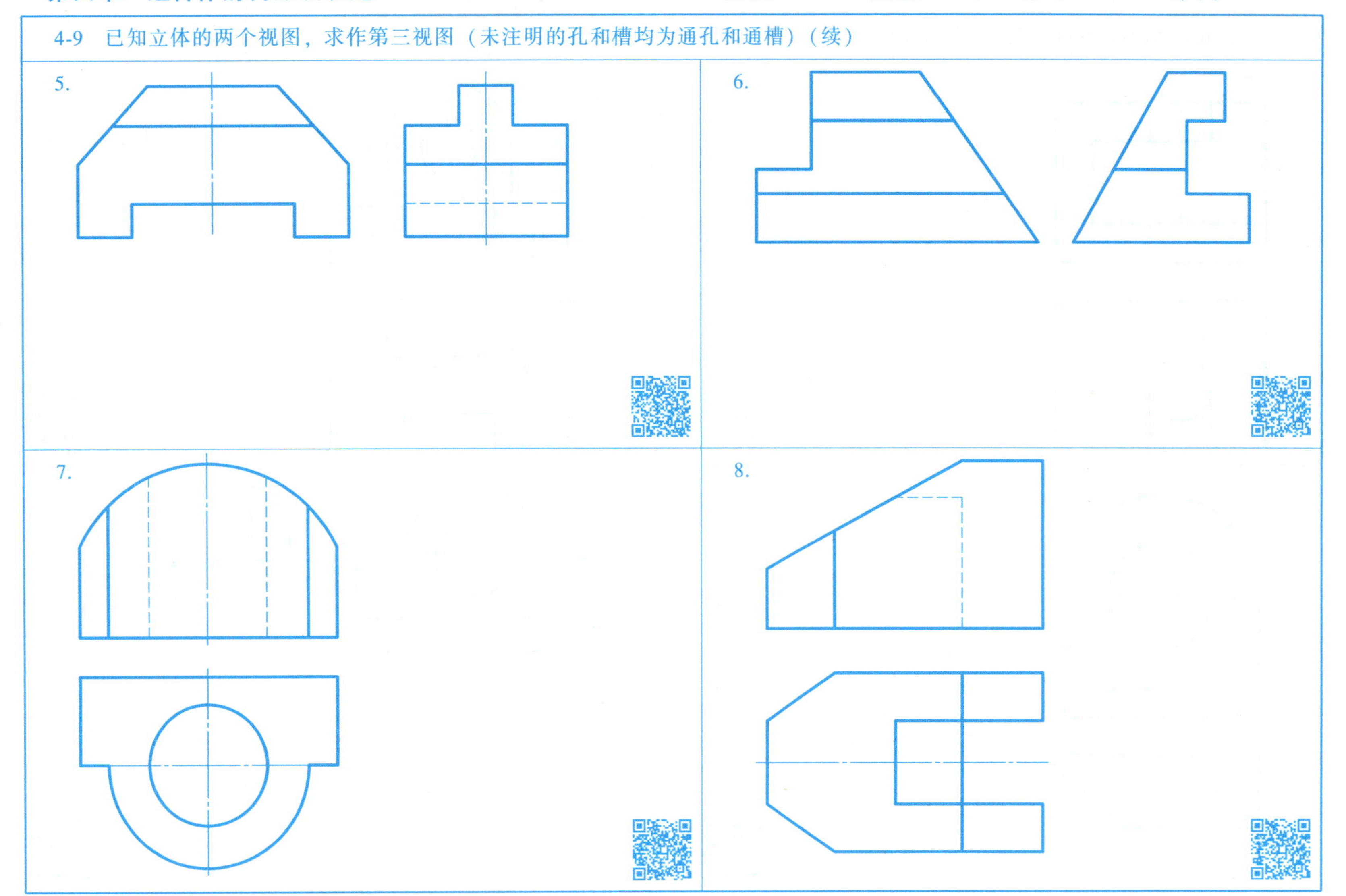

4-9　已知立体的两个视图，求作第三视图（未注明的孔和槽均为通孔和通槽）（续）

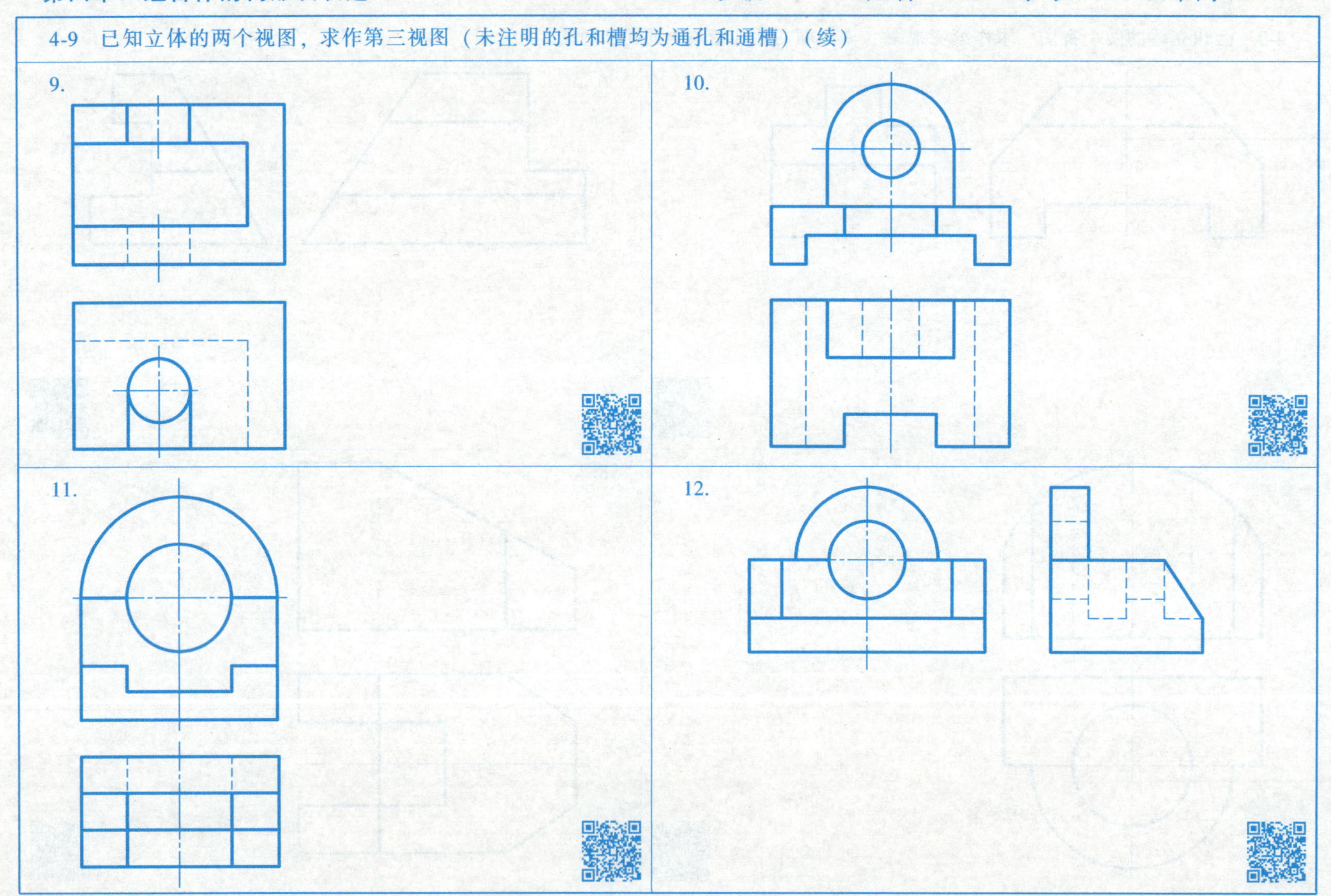

4-9　已知立体的两个视图，求作第三视图（未注明的孔和槽均为通孔和通槽）（续）

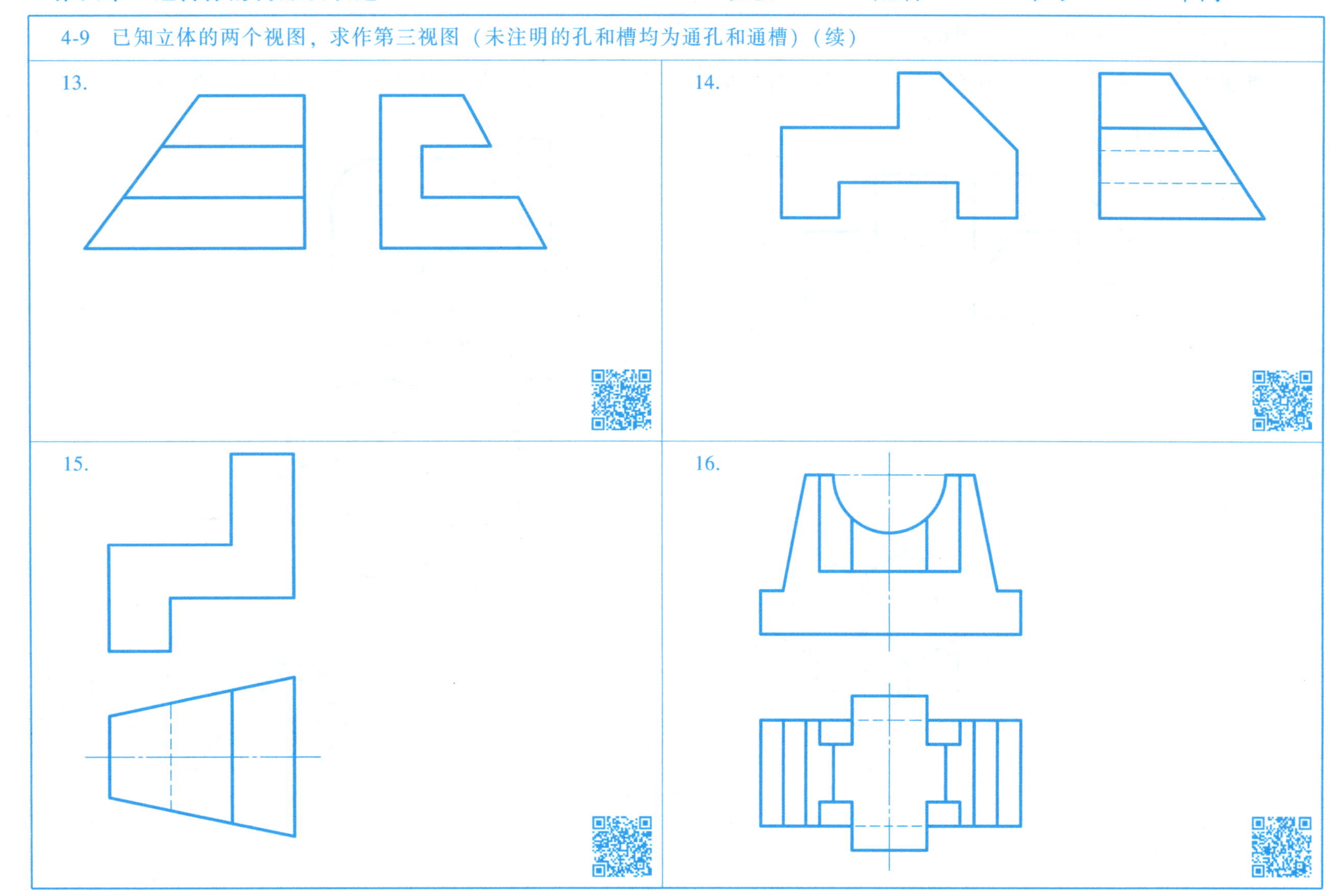

5-1　基本视图、向视图、局部视图和斜视图

1. 根据物体的主视图、左视图和立体图，补全其六个基本视图。

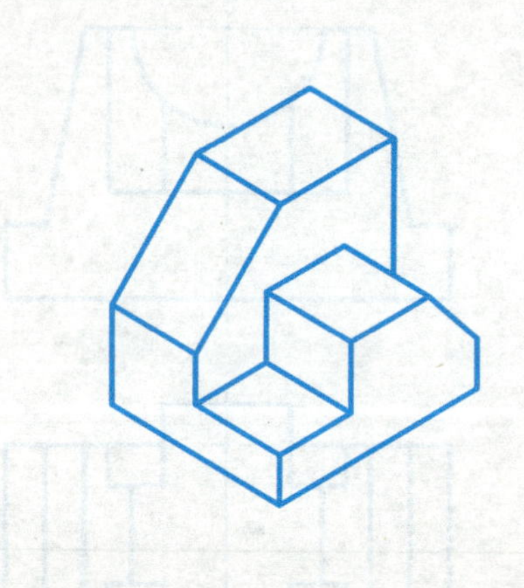

2. 根据物体的两视图及部分立体图，画出局部视图表达左端法兰的形状。

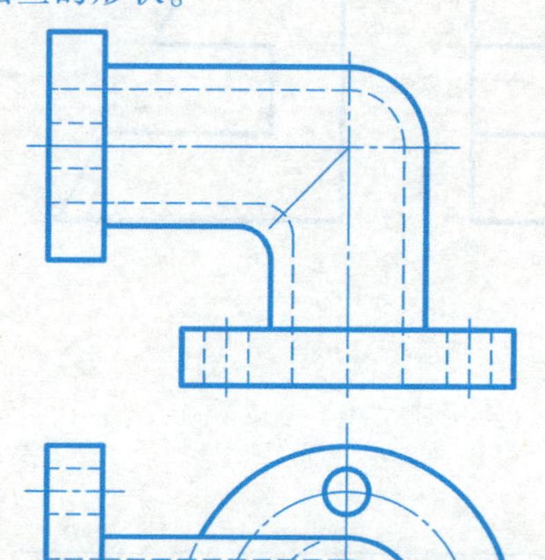

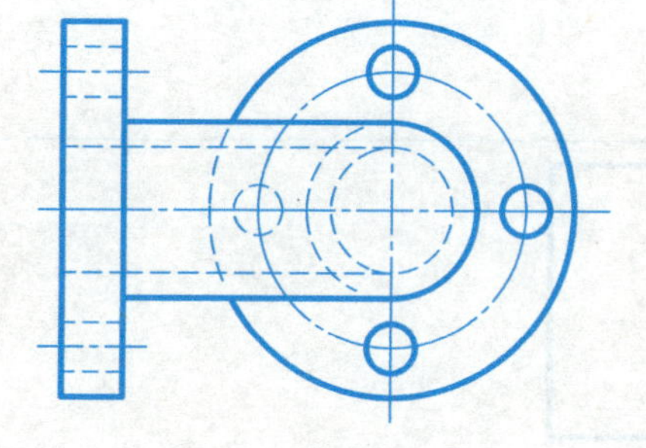

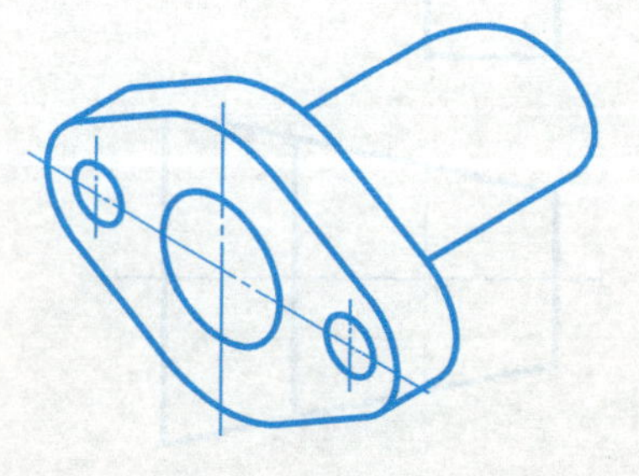

5-1 基本视图、向视图、局部视图和斜视图（续）

3. 已知物体的主视图、俯视图和立体图，画出 *A* 向局部视图，*B* 向斜视图，并作正确标注。

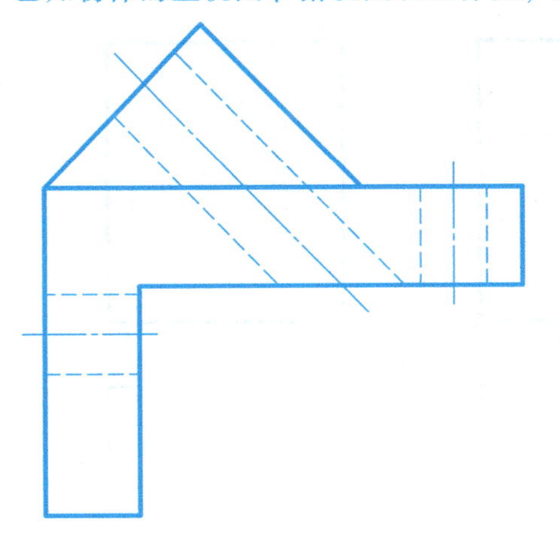

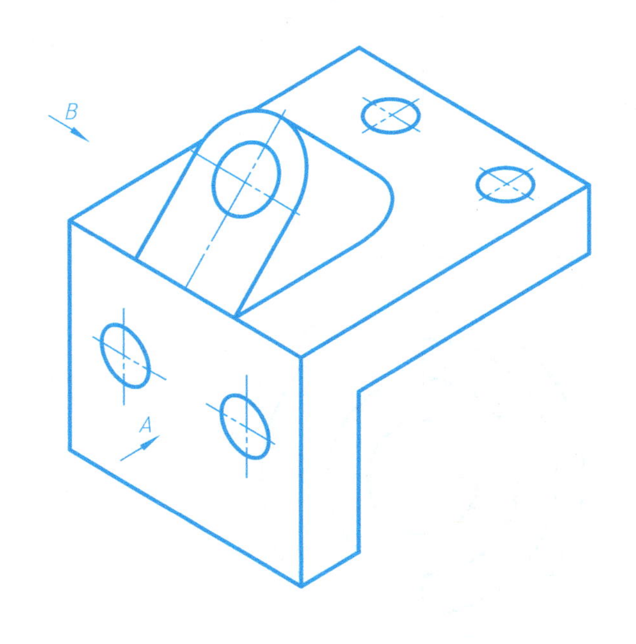

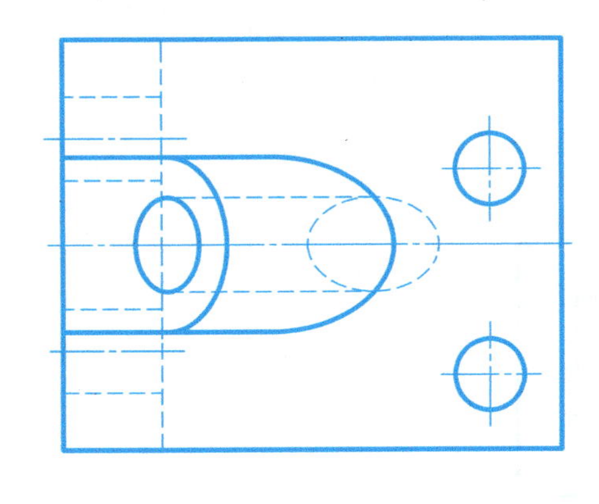

5-2　全剖视图

1. 把物体的主视图改为全剖视图。

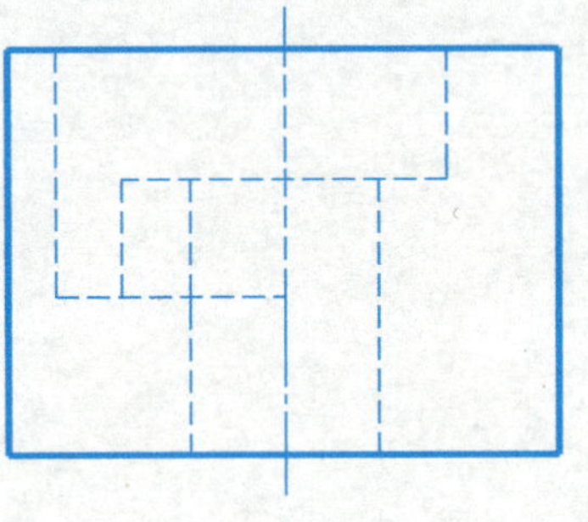

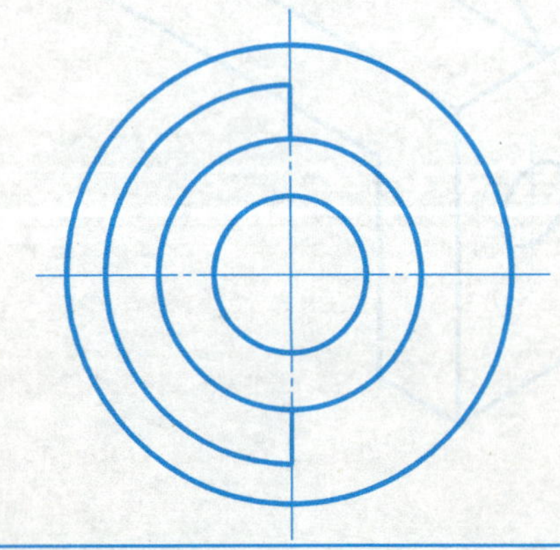

2. 把物体的主视图、左视图改为全剖视图。

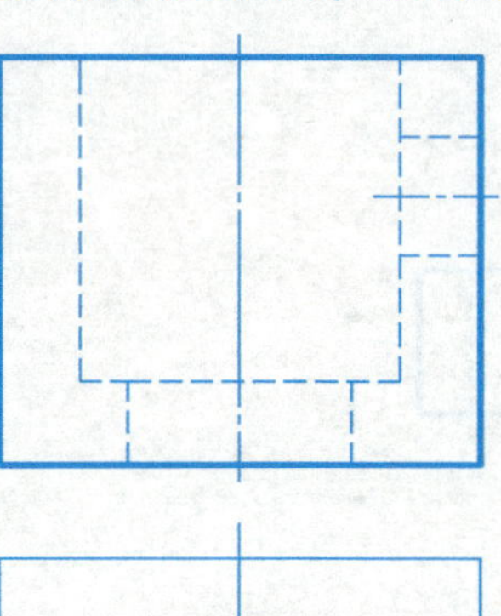

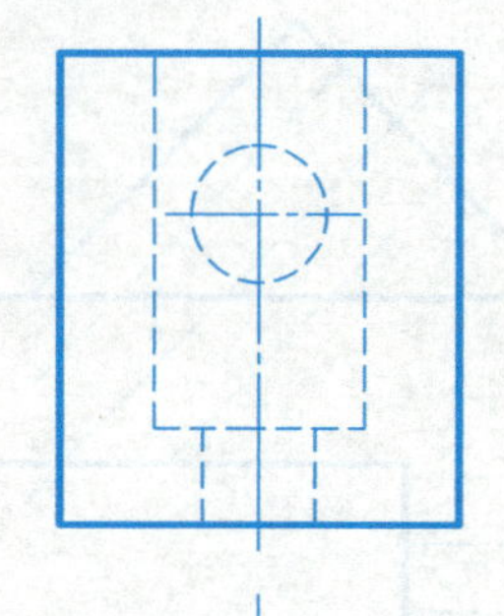

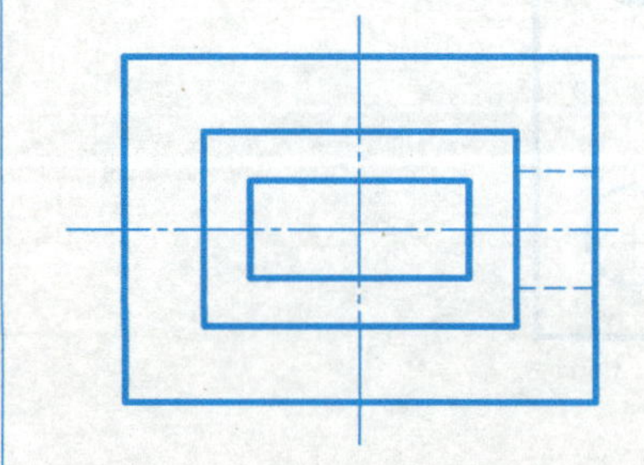

5-2　全剖视图（续）

3. 把物体的主视图改为全剖视图，并补画左视图。

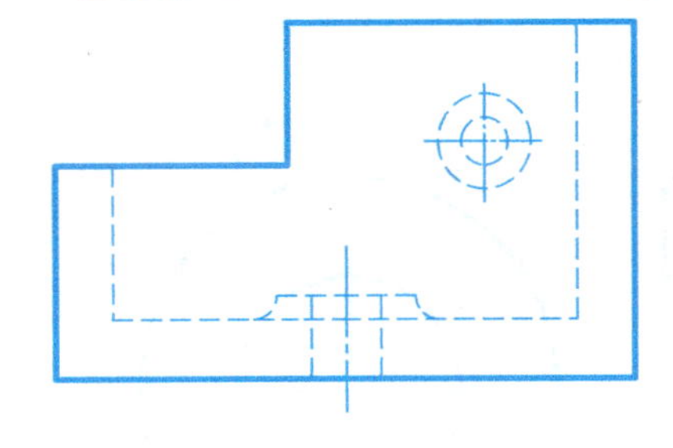

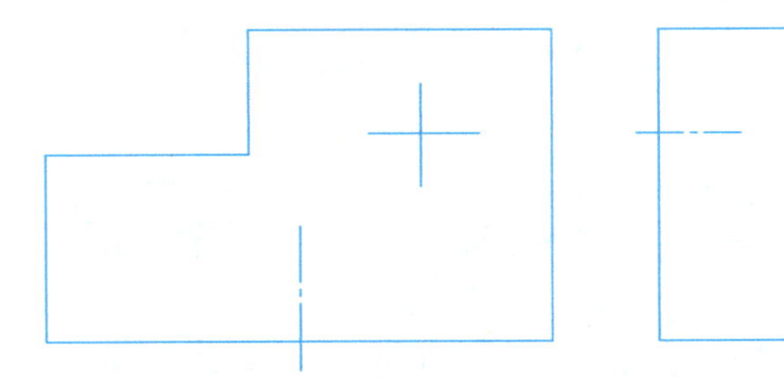

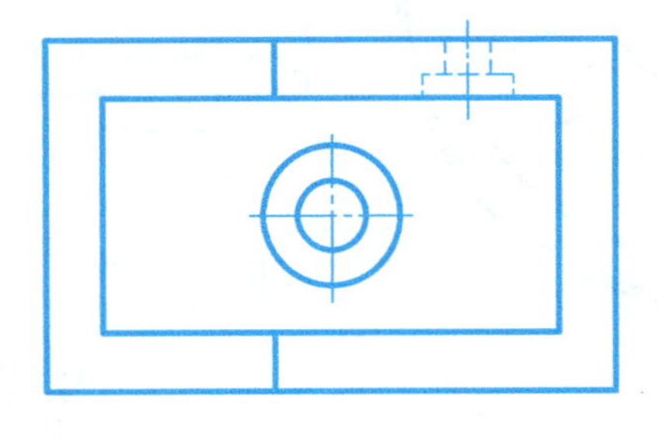

4. 补画全剖视图中缺少的线。

(1)

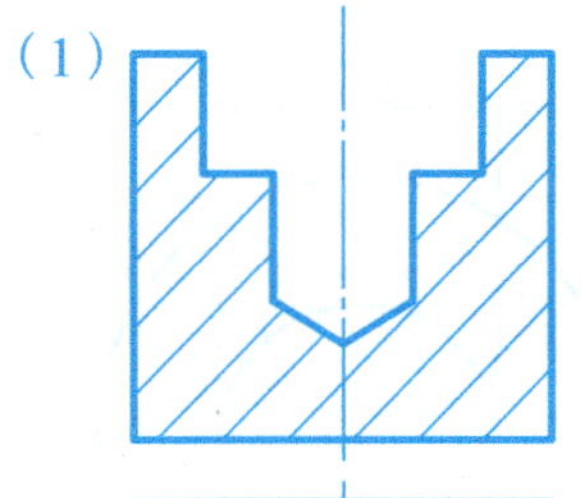

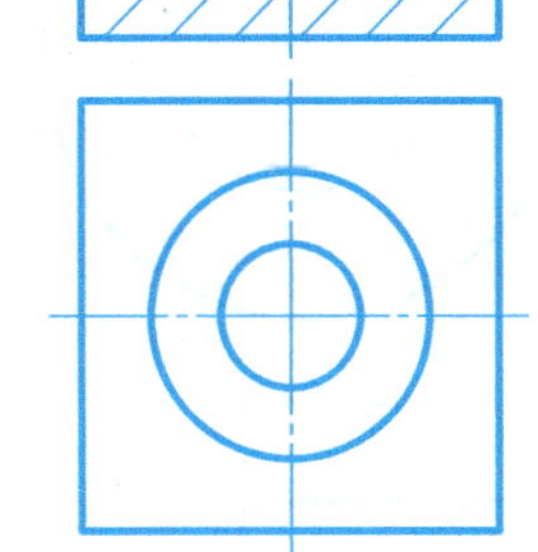

(2)

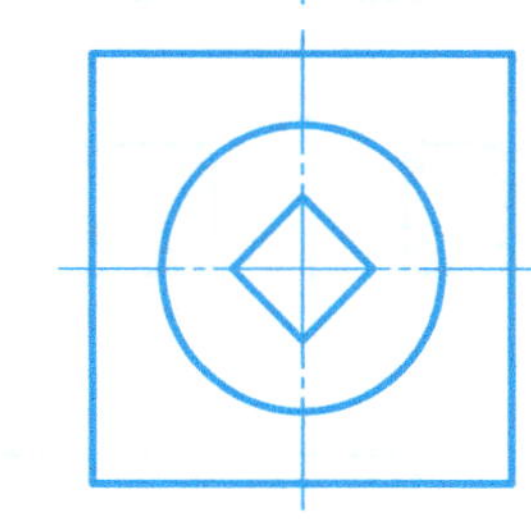

(3)

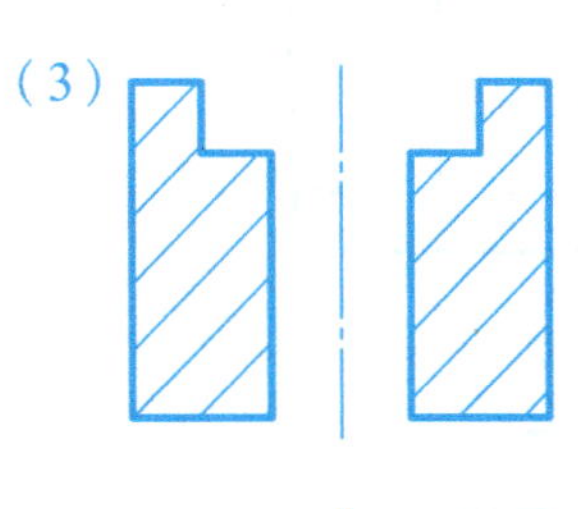

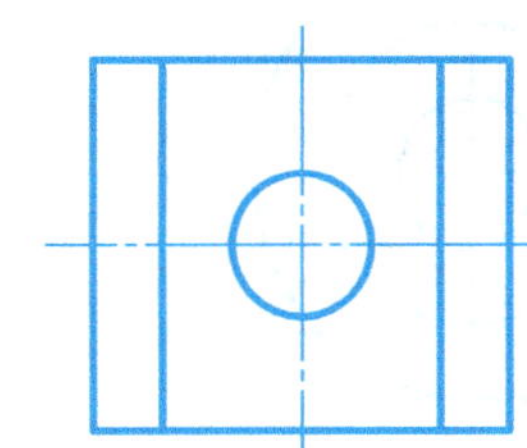

(4)

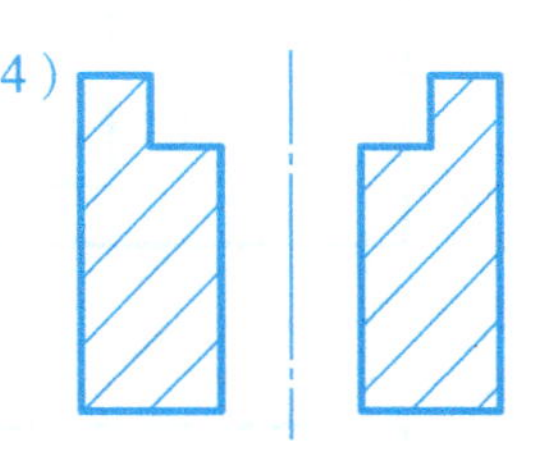

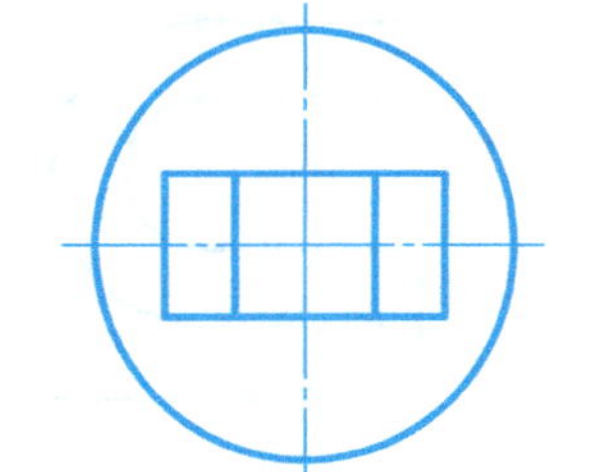

5-2　全剖视图（续）

4. 补画全剖视图中缺少的线。（续）

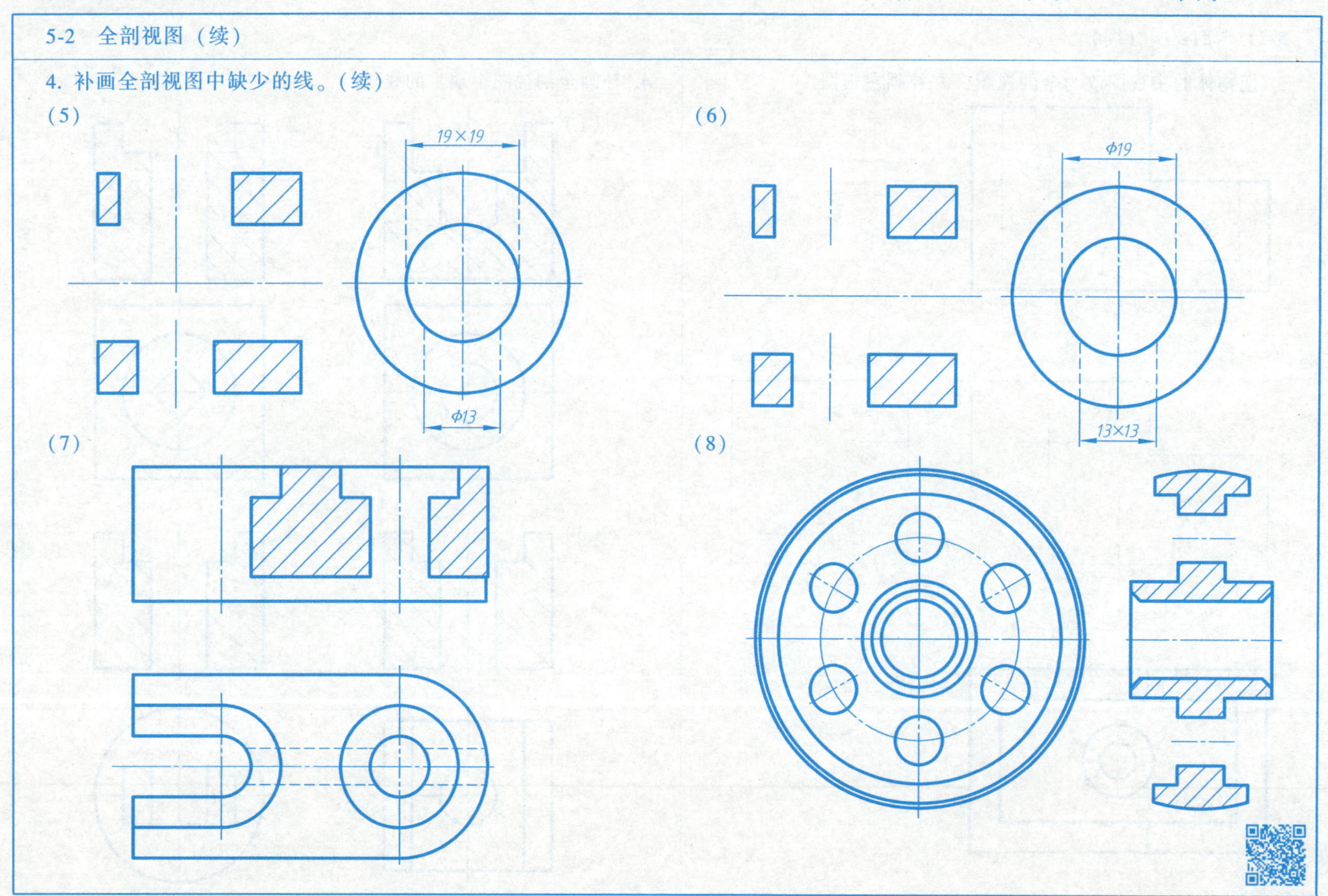

5-3 半剖视图

1. 把主视图改为半剖视图，补画出半剖左视图，并作正确标注。

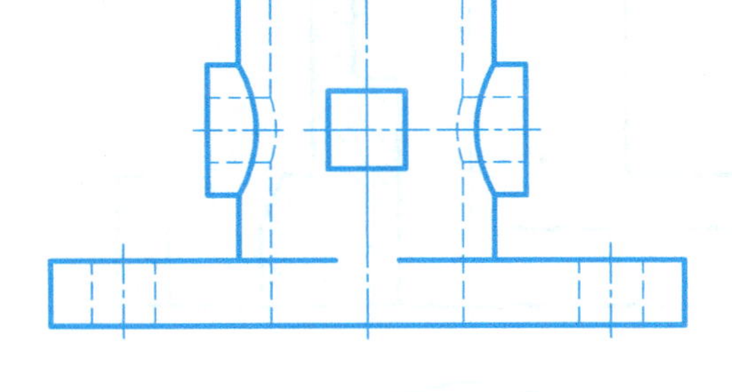

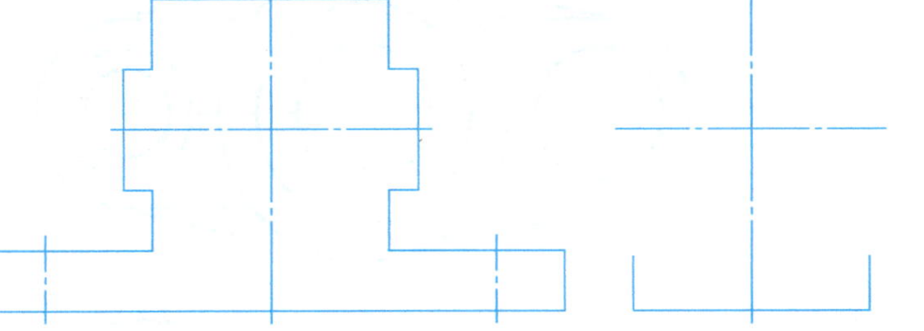

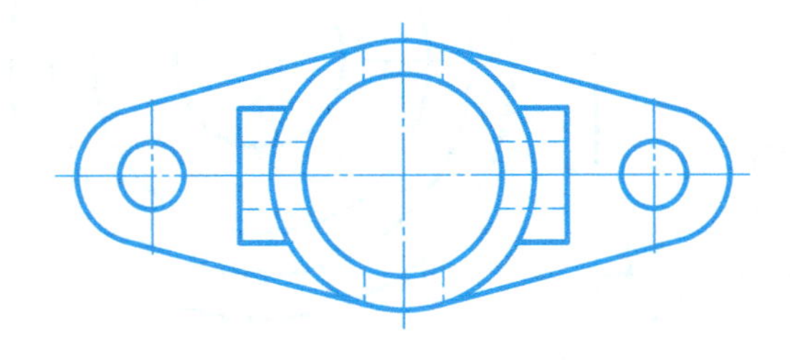

2. 完成半剖的俯、左视图，并作正确标注（不要的线画叉）。

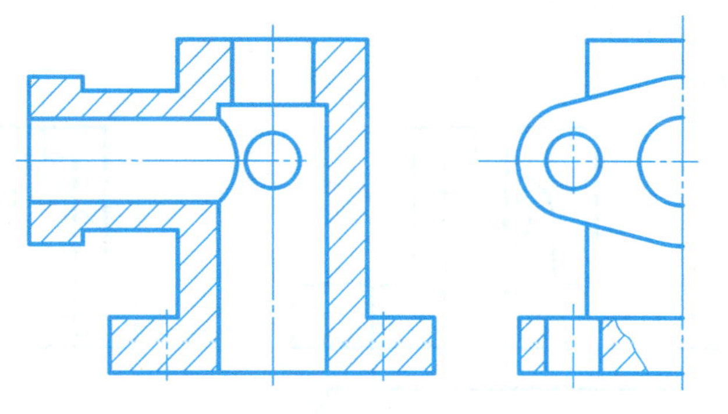

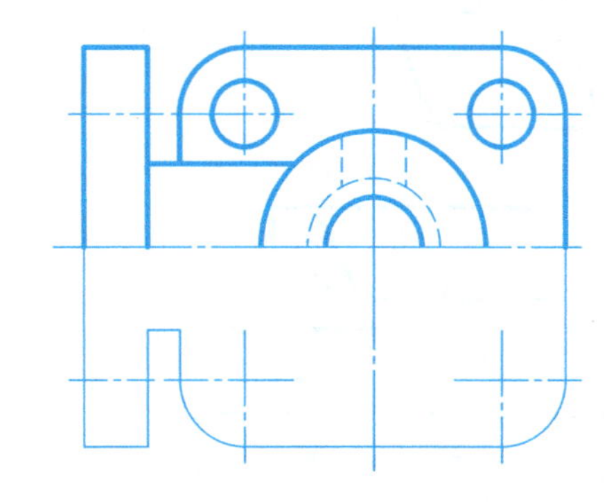

5-3 半剖视图（续）

3. 改正剖视图中的错误（缺线处补线，并在多余的线或错误标注上画叉）。

(1)

A—A

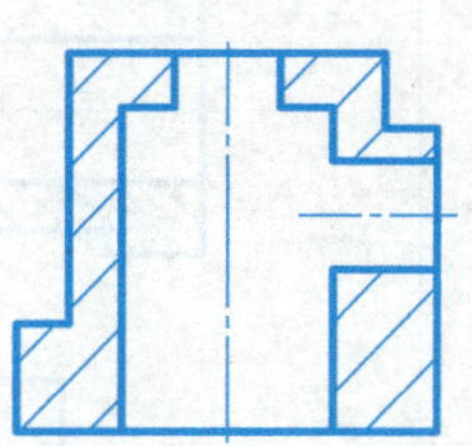

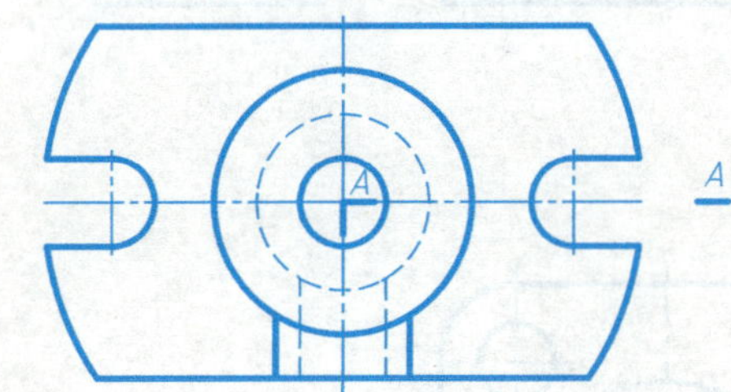

(2)

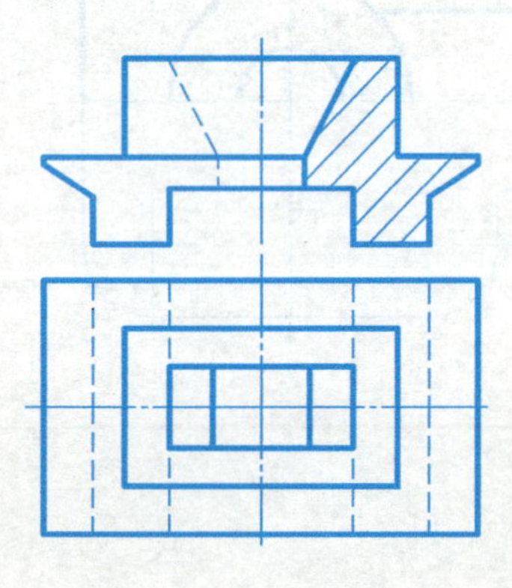

4. 补画半剖视图中缺少的图线。

(1)

(2)

5-4　局部剖视图

1. 以波浪线为界，将主、俯视图改为局部剖视图，在不要的线上画叉。

(1)

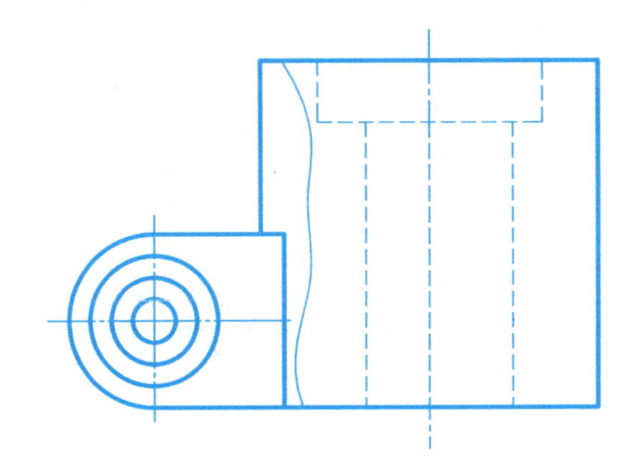

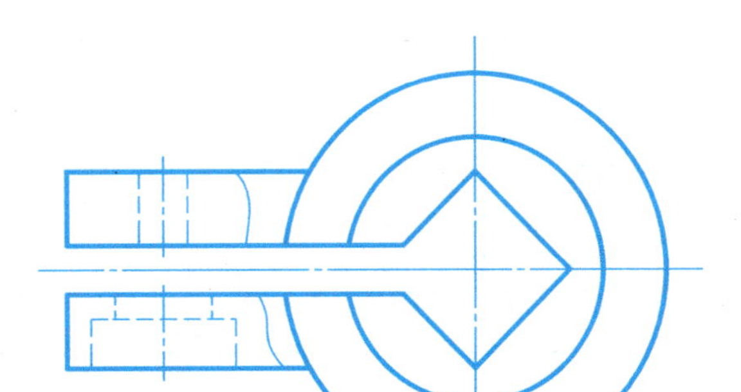

(2)

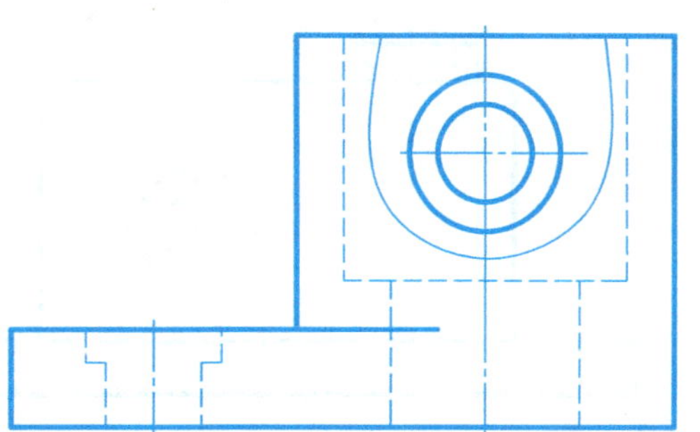

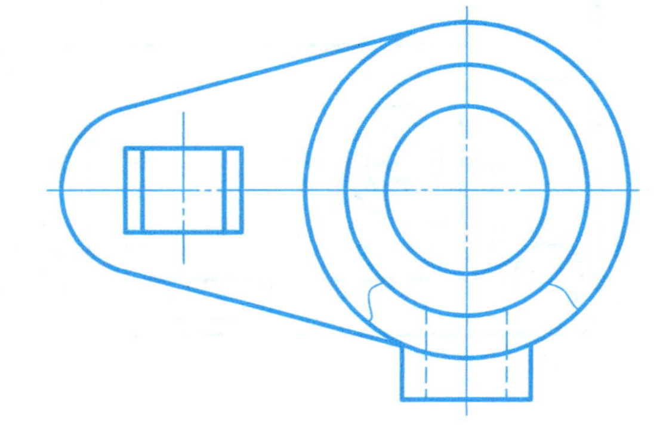

5-4　局部剖视图（续）

2. 将主、俯视图在指定位置改画为局部剖视图。

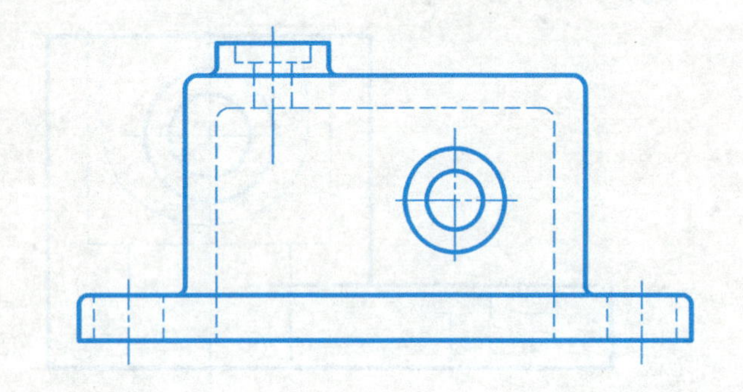

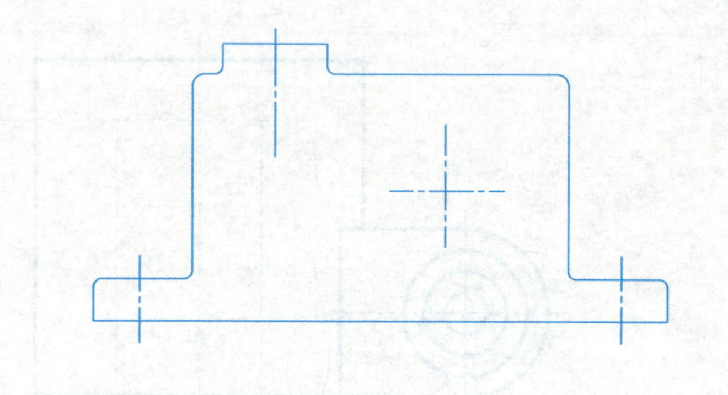

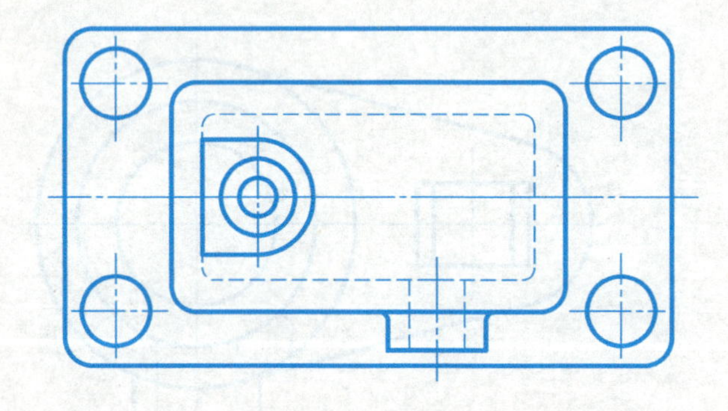

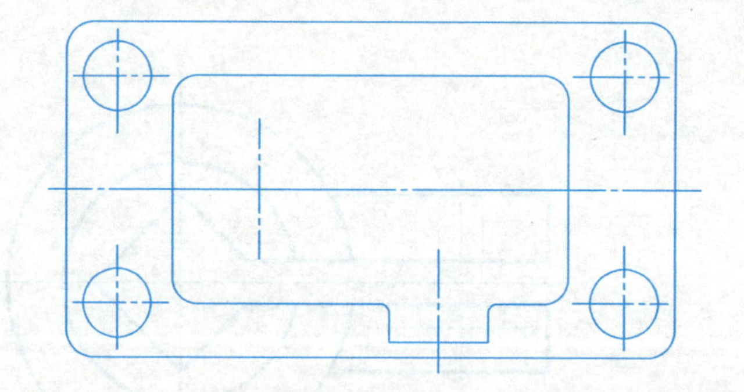

5-4 局部剖视图（续）

3. 分析左侧剖视图中的错误画法，在右侧画出正确视图。

（1）

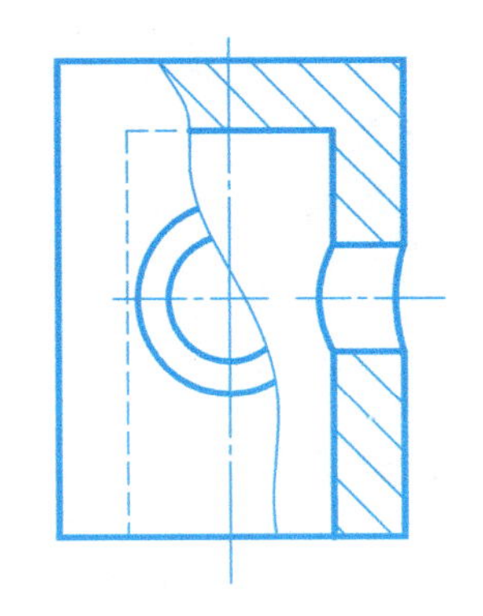

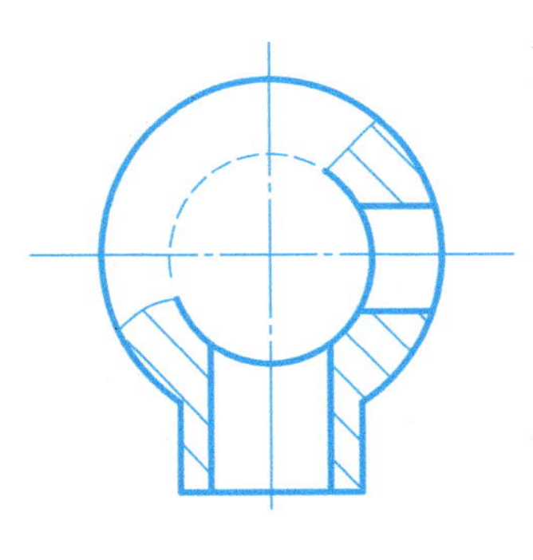

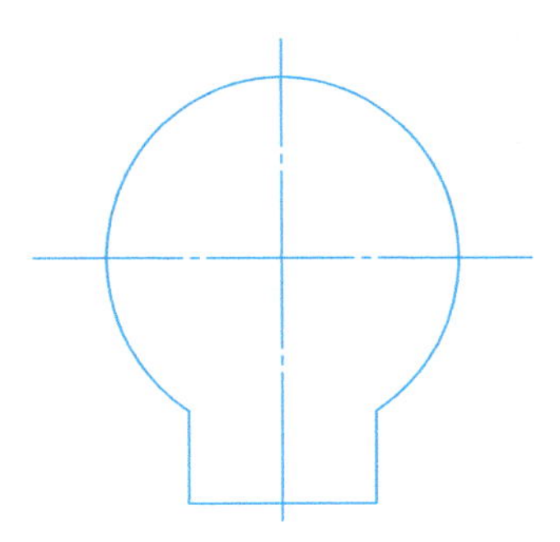

（2）

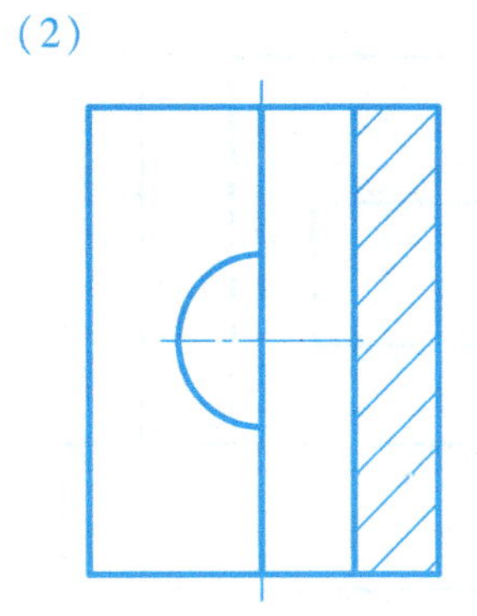

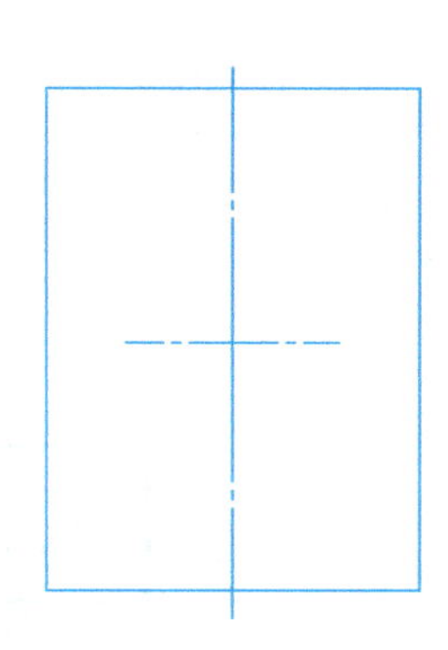

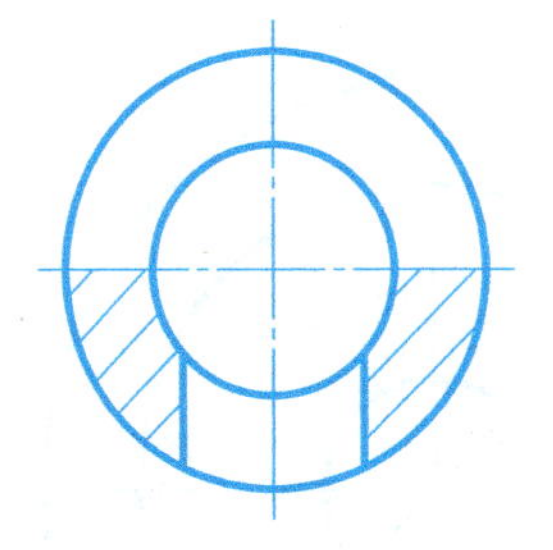

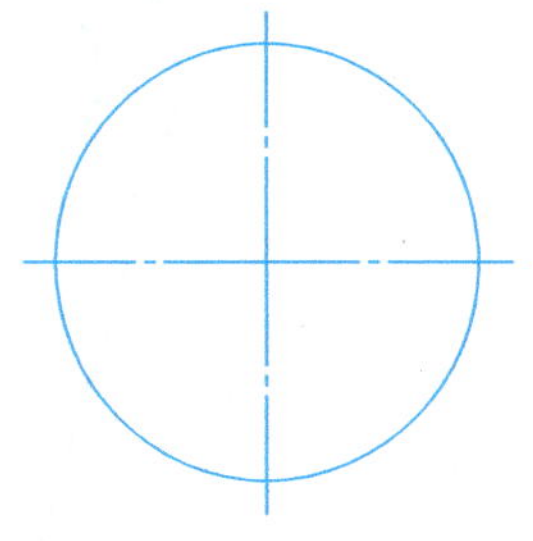

5-5　按要求作不同类型的剖切平面剖视图

1. 完成 A—A 单一斜剖切平面获得的全剖视图。

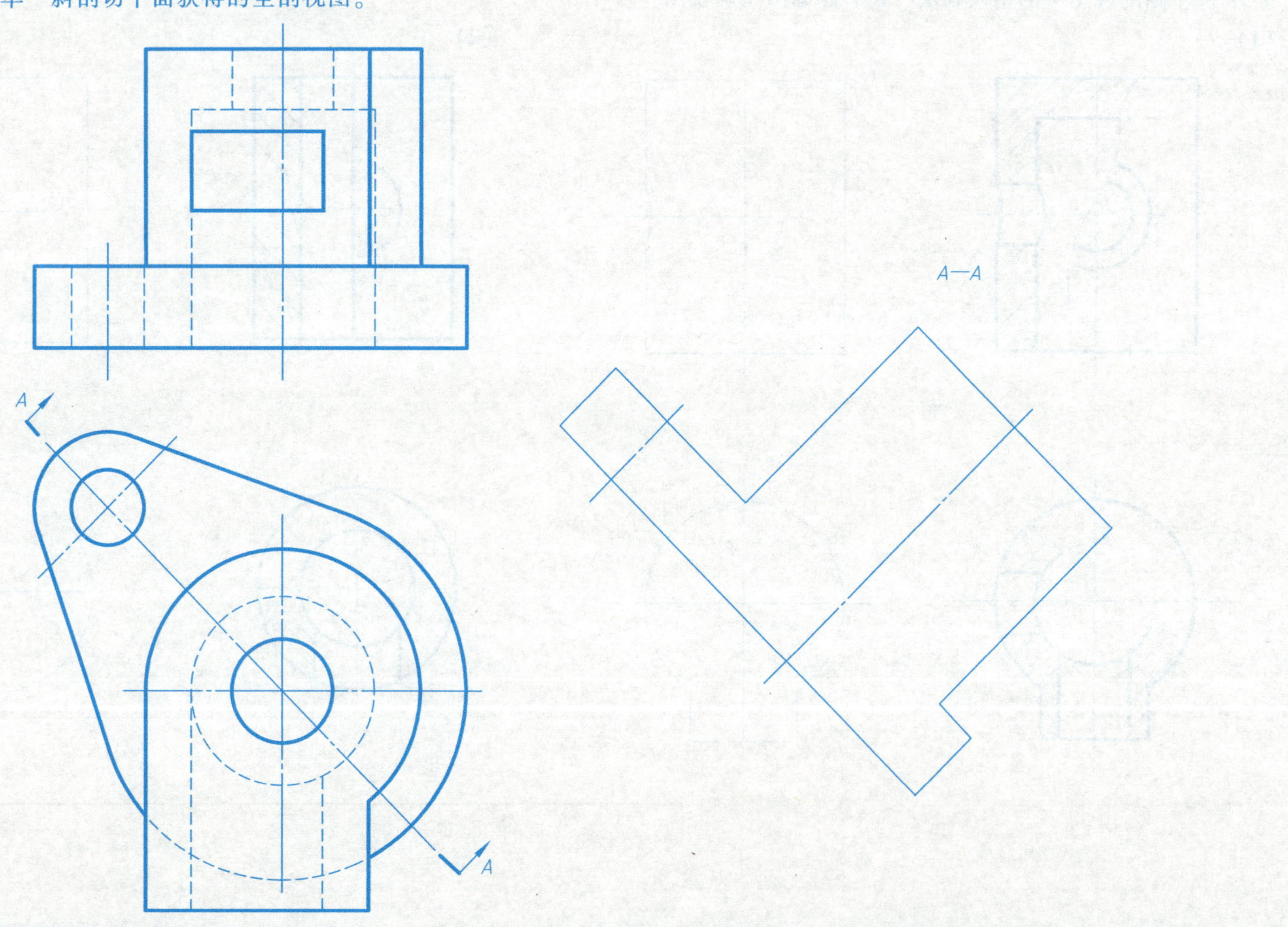

5-5　按要求作不同类型的剖切平面剖视图（续）

2. 完成 *A*—*A* 单一斜剖切平面获得的全剖视图。

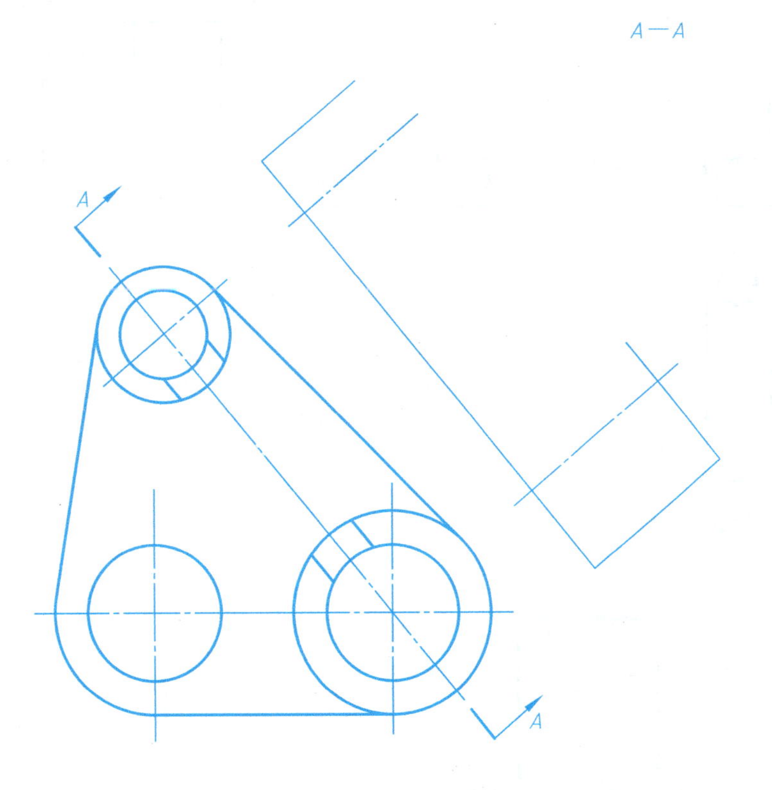

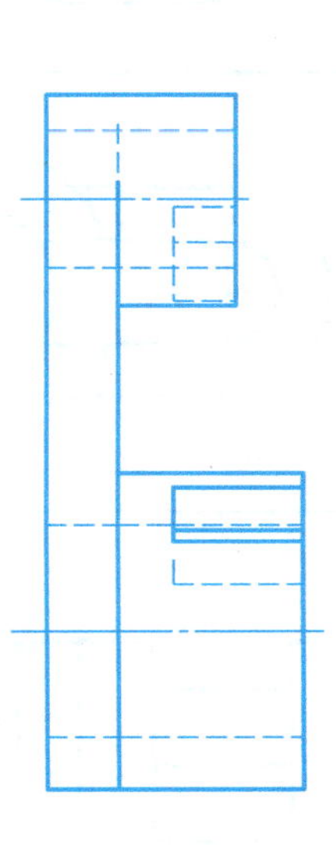

5-5 按要求作不同类型的剖切平面剖视图（续）

3. 在指定位置将视图改为用几个平行剖切平面剖切的全剖视图，并作出正确标注。

（1）

（2）

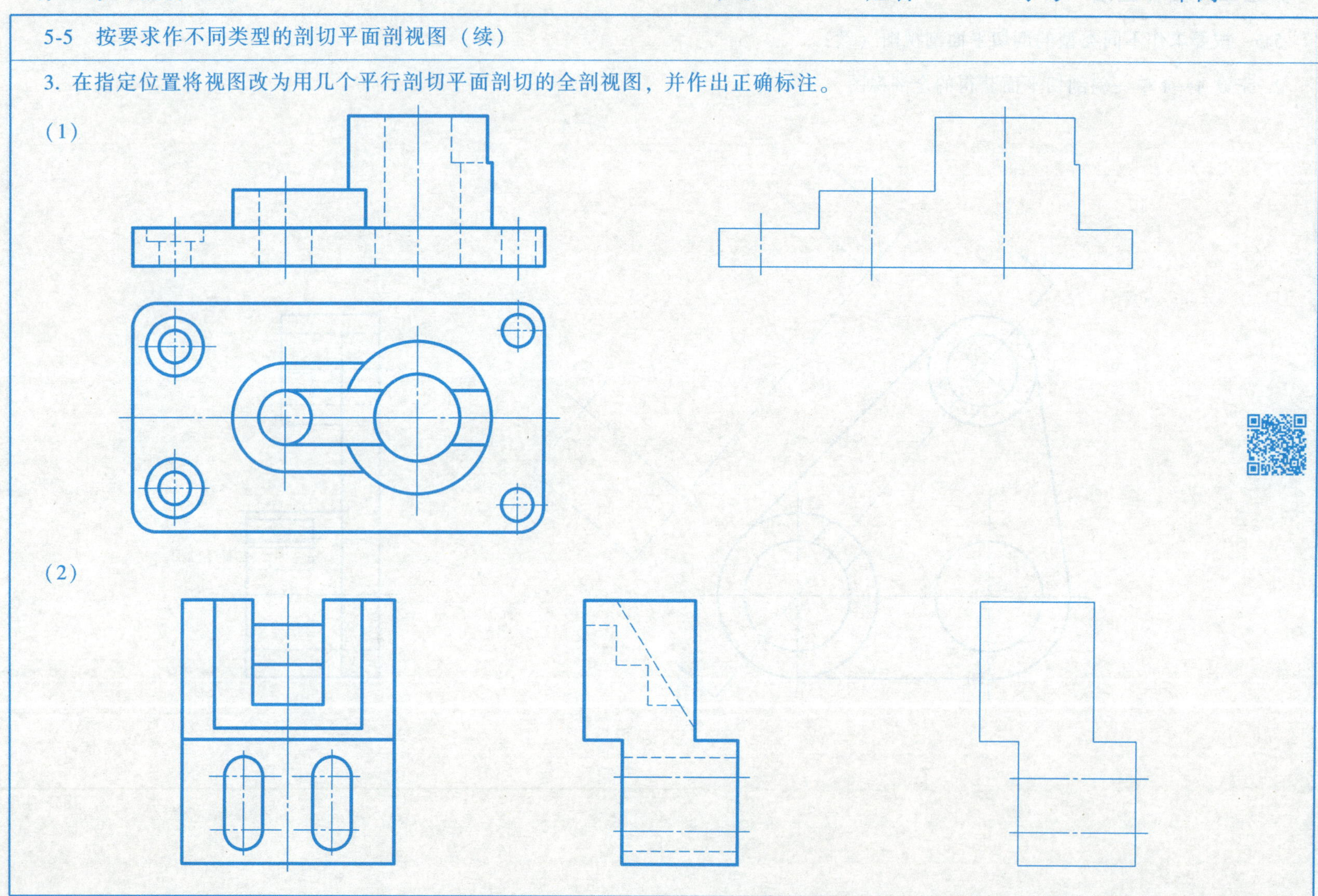

5-5　按要求作不同类型的剖切平面剖视图（续）

4. 用两个相交的剖切平面作全剖俯视图，并作出正确标注。

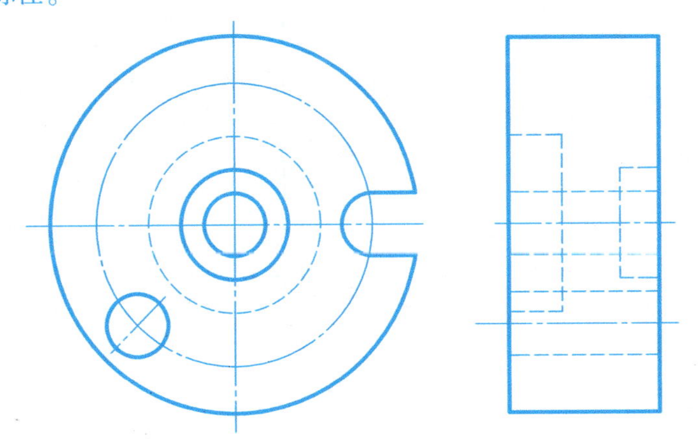

5. 用适当的方法剖切，画出全剖左视图，并作出正确标注。

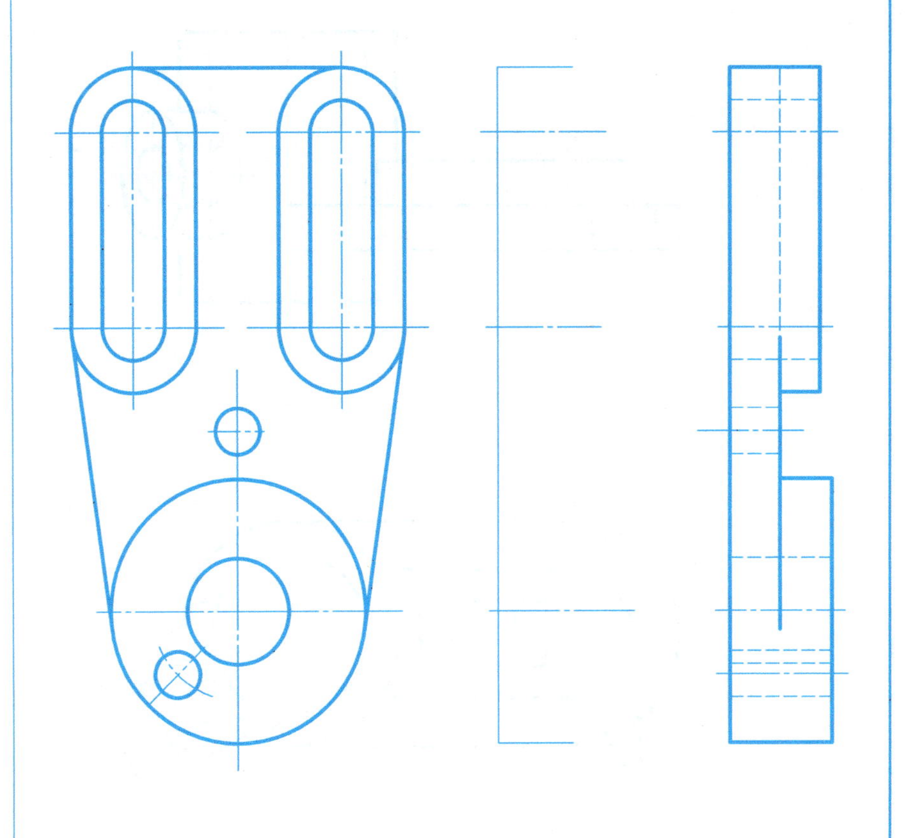

5-5　按要求作不同类型的剖切平面剖视图（续）

6. 将主视图改为用几个相交的剖切平面剖切的全剖主视图，并作出正确标注。

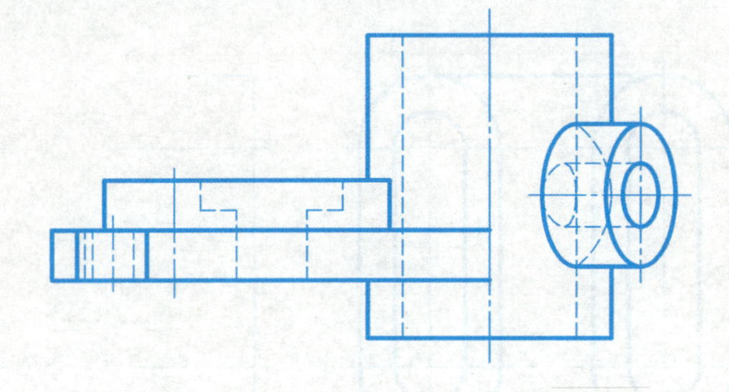

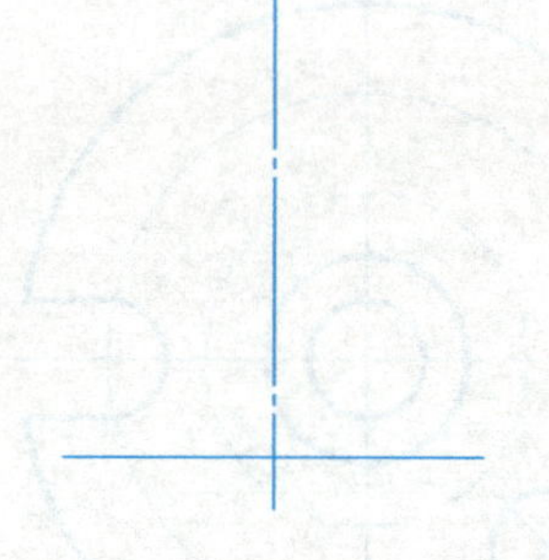

5-6 断面图

1. 在下方指定位置画出 A—A、B—B、C—C、D—D 移出断面图。

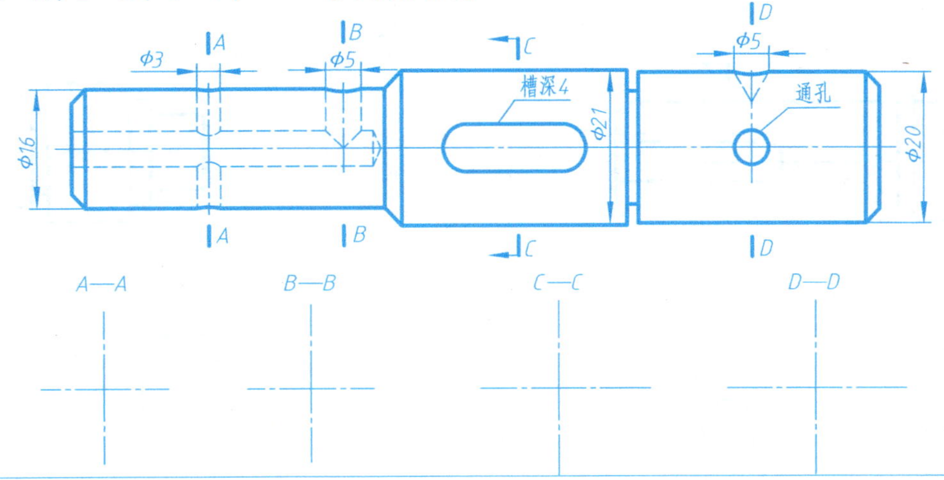

2. 在 A 处作重合断面图，在 B 处作移出断面图。

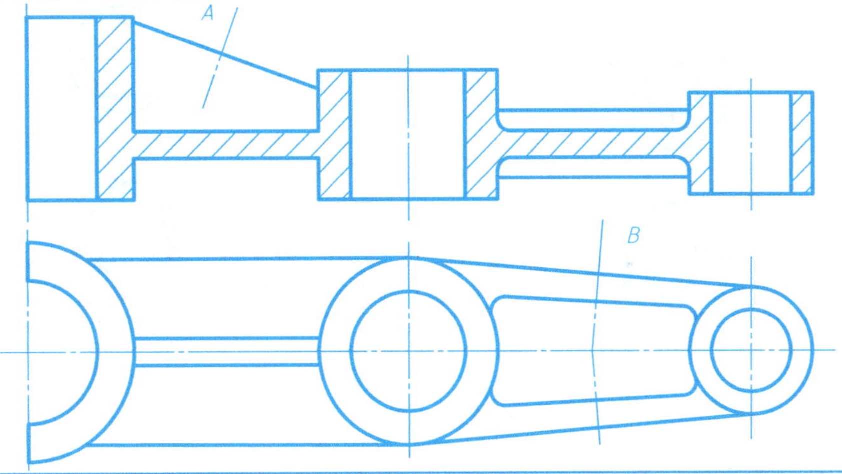

5-6　断面图（续）

3. 在下方选择一组正确的断面图，在括号中画勾。

(1)

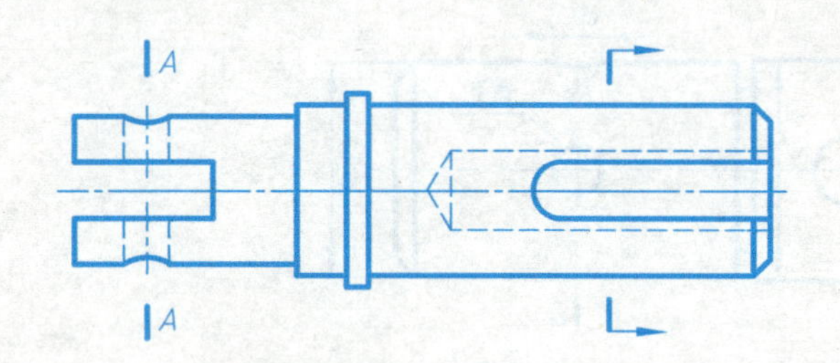

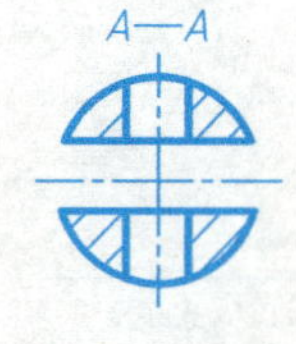

A—A

(　)

A—A

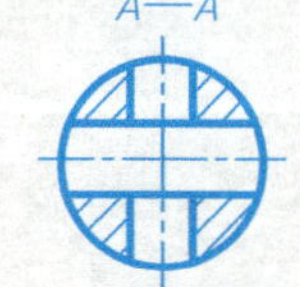

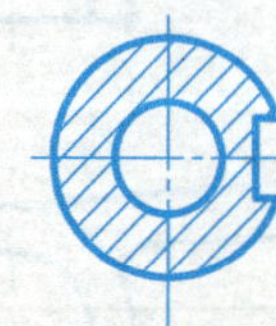

(2)

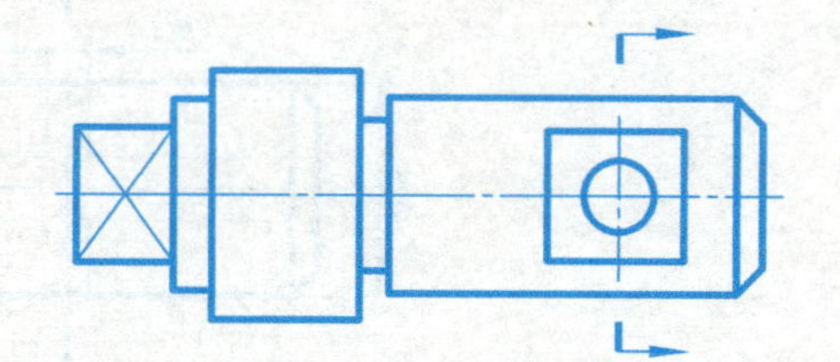

(　)

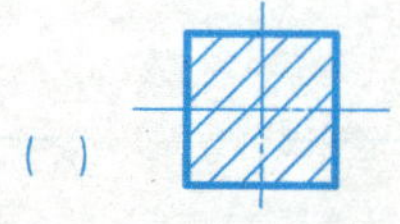

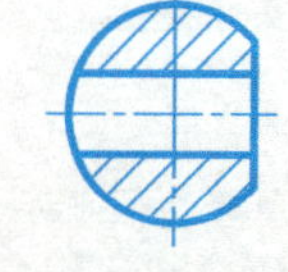

(　)

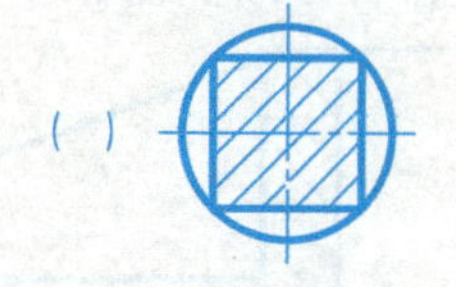

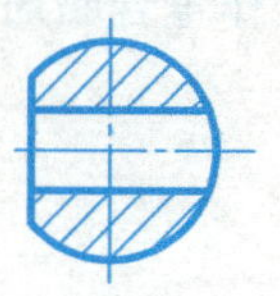

(　)

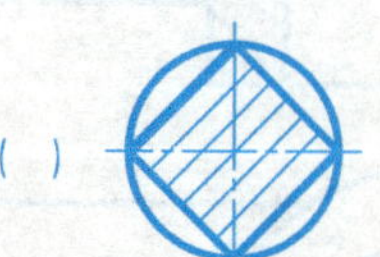

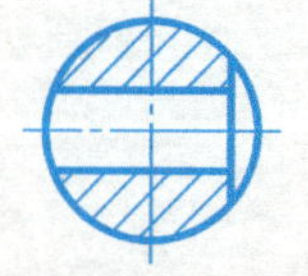

5-7　其他表示法

1. 按肋的规定画法在指定位置画出正确的主视图和左视图。

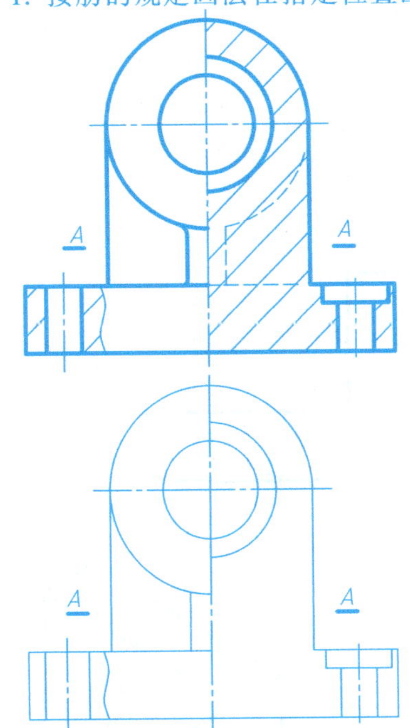

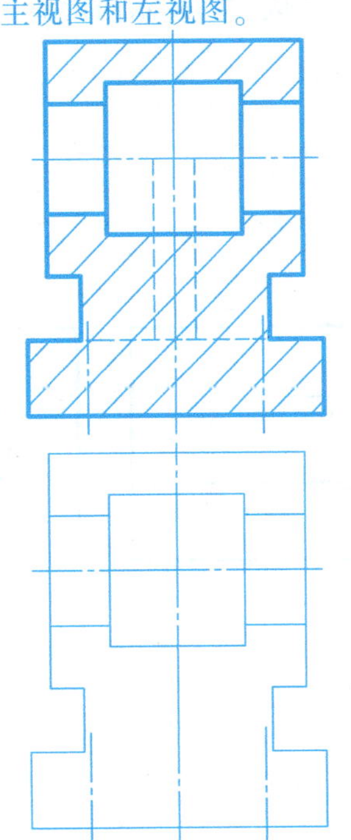

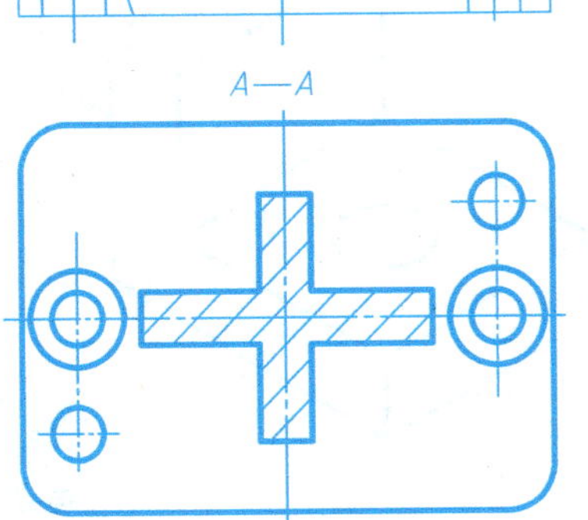

2. 按规定画法在指定位置将主视图改为全剖视图。

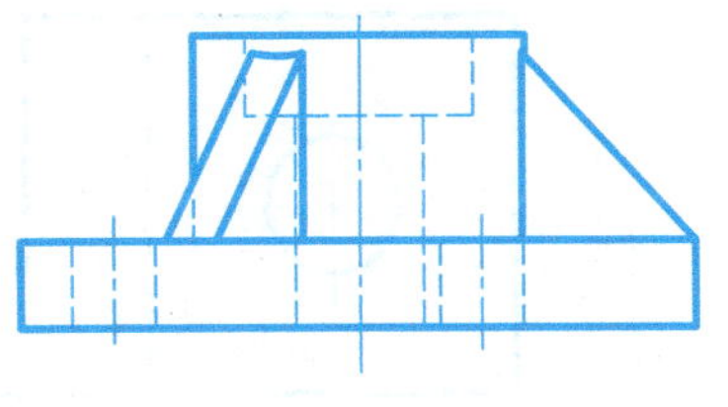

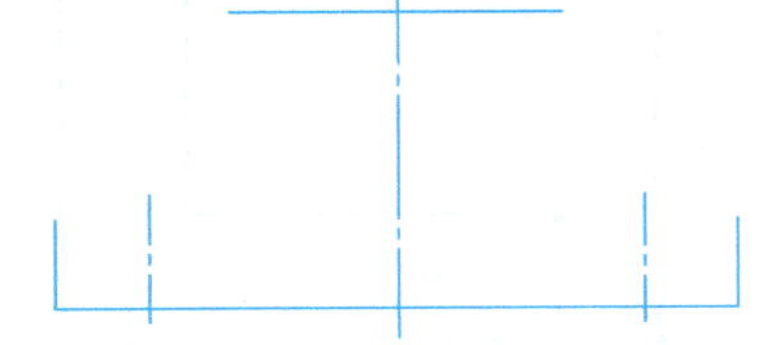

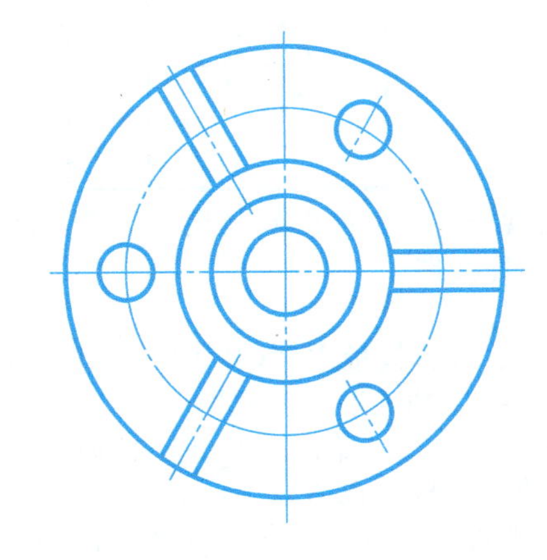

5-8　利用计算机进行三维实体建模并生成工程视图

1. 根据已知视图，建立三维模型，并建立符合国标的图纸格式，生成如图所示的六个基本视图和轴测图。

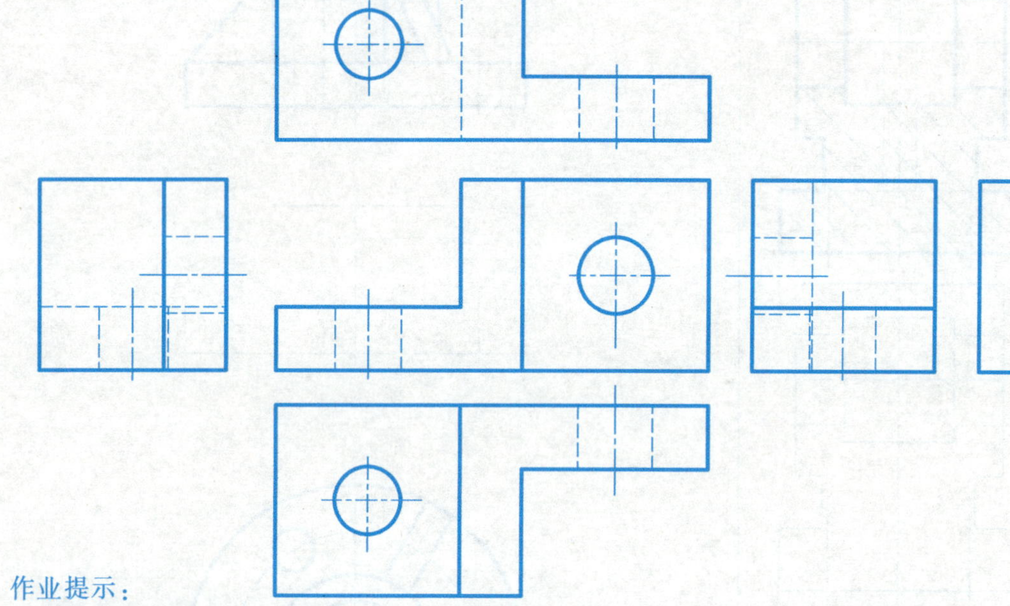

作业提示：

1）根据所给视图建立零件模型（尺寸从图上直接量取），保存为名为“基本视图 . sldprt”的零件文件。

2）建立基本视图：

a. 新建工程图，选择模板中“GB A4”图纸，单击“确定”按钮。

b. 工具条上选择“插入”工程视图中的“模型”，单击“浏览”按钮，选择第一步所存的“基本视图 . sldprt”文件，单击“打开”按钮，出现“模型视图”管理器，设置各参数，选择“多个视图”，选择“标准视图”中所有视图，同时在绘图区出现方框预览各视图的位置，单击“确定”按钮，即可生成六个基本视图和一个轴测图。

c. 保存为名为“基本视图 . slddrw”的工程图文件，退出。

5-8　利用计算机进行三维实体建模并生成工程视图（续）

2. 根据已知视图建立形体的三维模型，并在工程图中建立一个模型俯视图，生成由两个相交剖切平面剖切的全剖主视图 $A—A$。

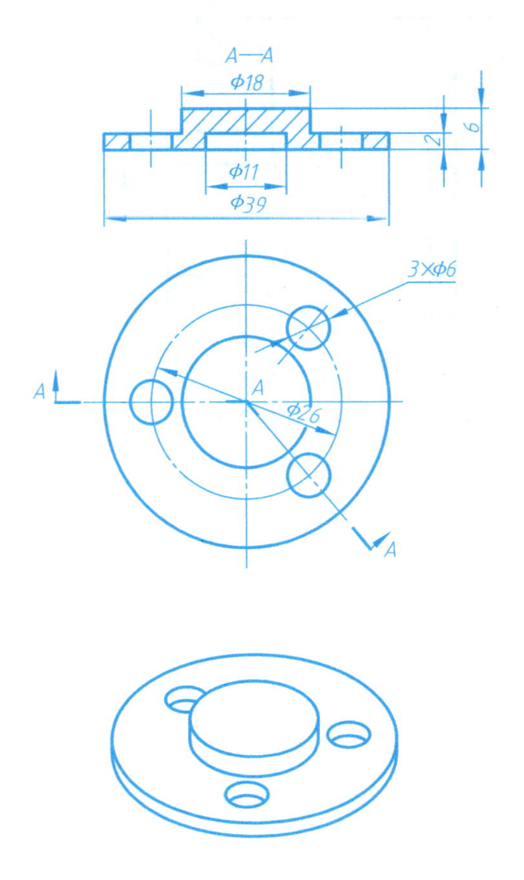

作业提示：

1）根据所给视图建立零件模型，保存为“圆盘.sldprt”的零件文件。

2）新建工程图，选择“GB A4”图纸格式，单击“确定”按钮。

3）工具条上选择“插入”工程视图中的“模型”，单击“浏览”按钮，选择“圆盘.sldprt”文件，单击“打开”按钮，出现“模型视图”管理器，勾选“预览”项，选择“标准视图”中的上视，在绘图区适当位置单击，即可生成模型视图（俯视图），单击“确定”按钮。

4）选择“视图布局”中“剖面视图”，选择“切割线”类型中的“对齐”按钮，移动鼠标在俯视图中选择如图所示剖切位置（先选择圆心），创建对齐剖面视图，移动鼠标到适当位置，单击放置主视图，即可生成两个相交平面剖得的全剖视图。

5）保存为名为“圆盘.slddrw”的工程图文件，退出。

5-8　利用计算机进行三维实体建模并生成工程视图（续）

3. 根据已知的视图及尺寸，建立形体的三维模型，并生成图示表达方案工程图文件。

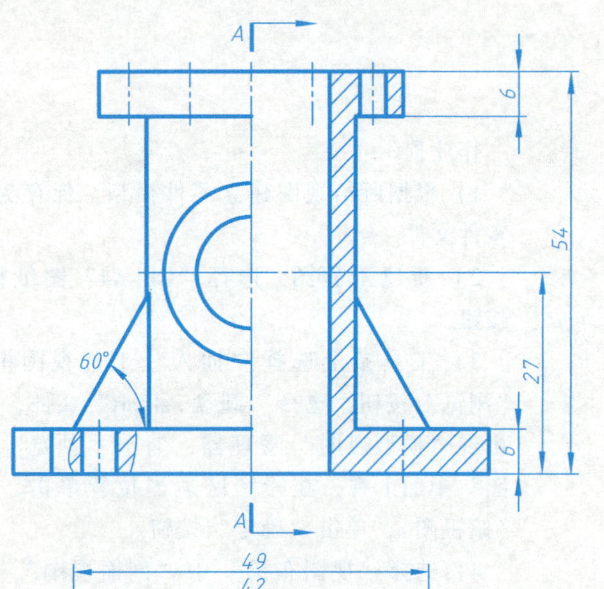

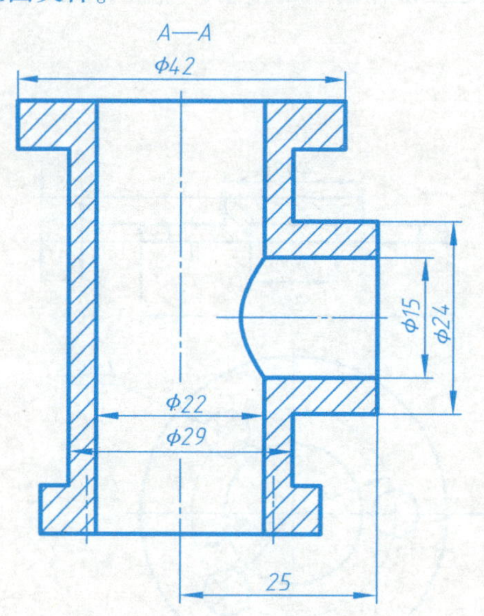

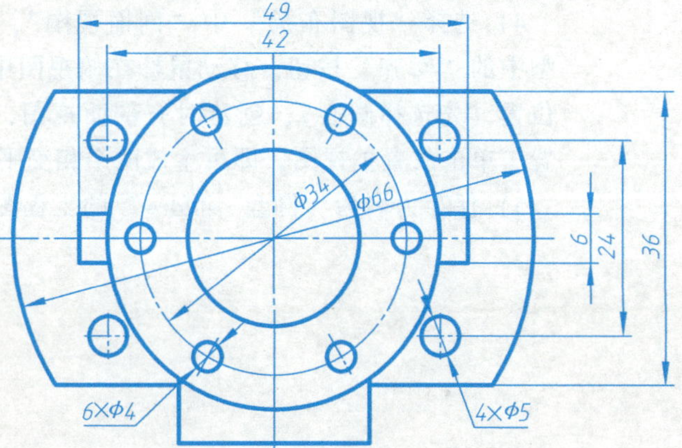

5-8　利用计算机进行三维实体建模并生成工程视图（续）

3. 根据已知的视图及尺寸，建立形体的三维模型，并生成图示表达方案工程图文件（续）。

作业提示：

1）根据已知视图尺寸建立零件模型，保存为名为“剖视 1. sldprt”的零件文件。

2）选择适当的剖切位置画剖视图表达零件（主视图选择半剖，左视图选择全剖）：

a. 新建工程图，选择“GB A3”图纸模板。

b. 在工具条上选择“插入”工程视图中的“模型”，单击“浏览”按钮，选择第一步所存的“剖视 1. sldprt”文件，单击“打开”按钮，出现“模型视图”管理器，勾选“自动投影视图”选项，在绘图区适当位置单击，即可生成主视图，鼠标移到俯视位置，单击生成俯视图，单击“确定”按钮退出。

c. 生成半剖主视图。

方法一：激活主视图，选择草图矩形命令绘制一个矩形（要求矩形一条边与模型中心线重合且覆盖模型半边），单击视图布局中的“断开的剖视图”，出现属性管理器，在俯视图中选择中心的通孔圆作为设定的剖视深度，单击“确定”按钮，即可生成半剖主视图。

注意，此时肋板画法不符合国家标准，要进行处理：首先，把主视图需要处理的区域的剖面线设置为“无”（去掉材质剖面线勾选），绘制出需要添加剖面线的封闭区域草图；然后，用“区域剖面线”命令生成所需的剖面线，单击下拉菜单“插入”→“注解”→“区域剖面线”，单击封闭草图轮廓内部，必要时可以调整剖面线的方向和比例；最后，调整区域草图的粗细，这样就能得到符合国家标准的视图。

方法二：选择视图布局中“剖面视图”的“半剖面”，也可以生成半剖视图。在左侧的属性管理器中单击“半剖面”按钮，选择切割方式，移动鼠标到对应的俯视图圆心位置，单击，出现剖面范围（将区域剖面线从剖切范围中以下特征清单中排除），选择俯视图中筋特征（肋板），单击确定。移动鼠标把半剖视图放在想要的位置，此时，所生成的肋板符合国家标准。

d. 生成全剖左视图。选择视图布局中“剖面视图”，出现属性管理器，选择切割线类型中的“竖直”，移动鼠标至主视图中心线处，单击“确定”按钮。可根据需要点击剖切线“反转方向”选择投影方向，鼠标移到左视图合适位置，单击“确定”按钮，生成全剖左视图。

e. 存盘生成名为“剖视 1. slddrw”的工程图文件。

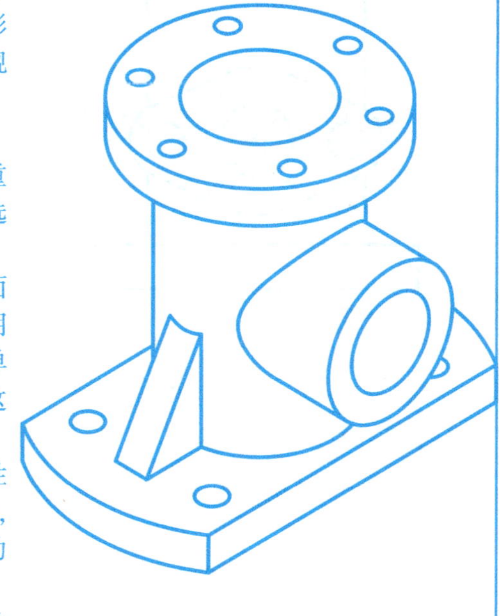

5-8 利用计算机进行三维实体建模并生成工程视图（续）

4. 根据已知的视图及尺寸，建立形体的三维模型，并选择合适的表达方案生成工程图文件。

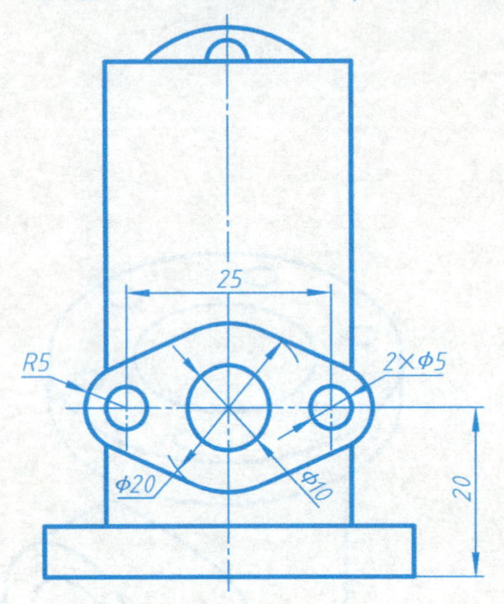

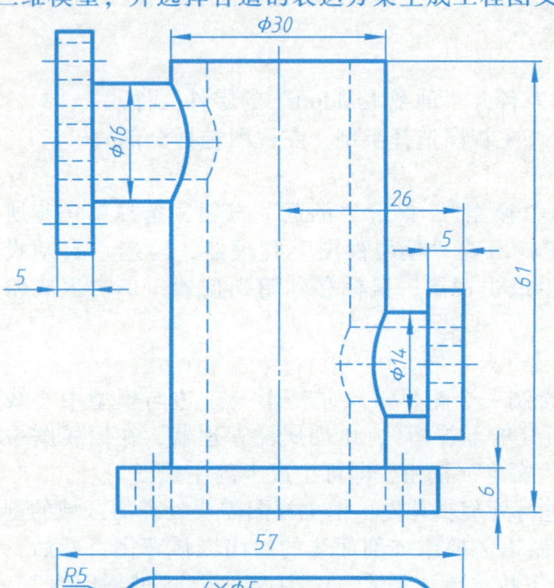

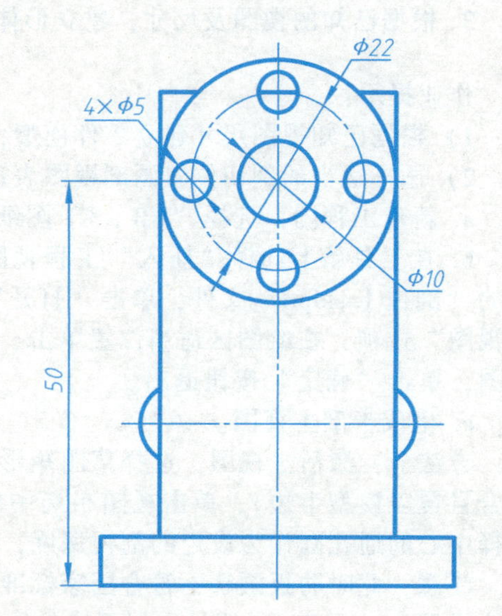

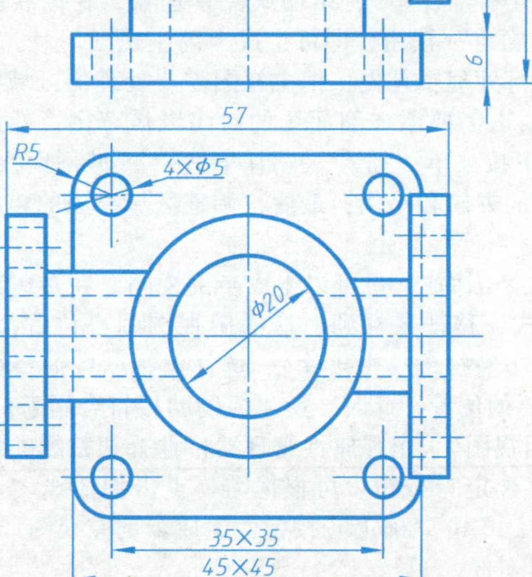

5-8　利用计算机进行三维实体建模并生成工程视图（续）

4. 根据已知的视图及尺寸，建立形体的三维模型，并选择合适的表达方案生成工程图文件。(续)

作业提示：

1）根据所给视图尺寸建立零件模型，保存为名为“剖视 2. sldprt”的零件文件。

2）选择适当的表达方案表达零件（主视图选择局部剖，俯视图选择两个平行剖切平面的全剖，两个法兰的局部视图）：

a. 新建工程图，选择“GB A3”图纸模板。

b. 在菜单栏上点击“插入”按钮，然后选择“工程图视图”→“模型”。然后在左侧打开的“模型视图”管理器中单击“浏览”按钮，选择第一步所存的“剖视 2. sldprt”文件，单击“打开”按钮。勾选“自动开始投影视图”选项，在绘图区适当位置单击，即可生成主视图。鼠标移到俯视位置，单击生成俯视图，再单击“确定”按钮退出。

c. 生成两个平行剖切平面的全剖俯视图。选择视图布局中“剖面视图”，选择切割线类型中的“水平”，移动鼠标至主视图轴线并对正上面法兰轴线（第一个平行剖切面位置），在快捷菜单中单击“单偏移”按钮，移动鼠标至主视图轴线并对正下面法兰轴线（第二个平行剖切面位置），单击快捷菜单中的“确定”按钮，创建对齐剖面视图，鼠标移到适当位置单击放置俯视图，生成两个平行平面剖得的全剖俯视图。

d. 生成局部剖主视图。单击视图布局中“断开的剖视图”按钮，在主视图需要局部剖切的位置绘制一条闭合轮廓样条曲线，在俯视图中选择中心的通孔圆作为设定的剖视深度，单击“确定”按钮，生成局部剖主视图。

e. 法兰的局部视图可通过“投影视图”生成的左、右视图，隐藏边线，只保留需要的视图即可。

f. 存盘生成名为“剖视 2. slddrw”的工程图文件。

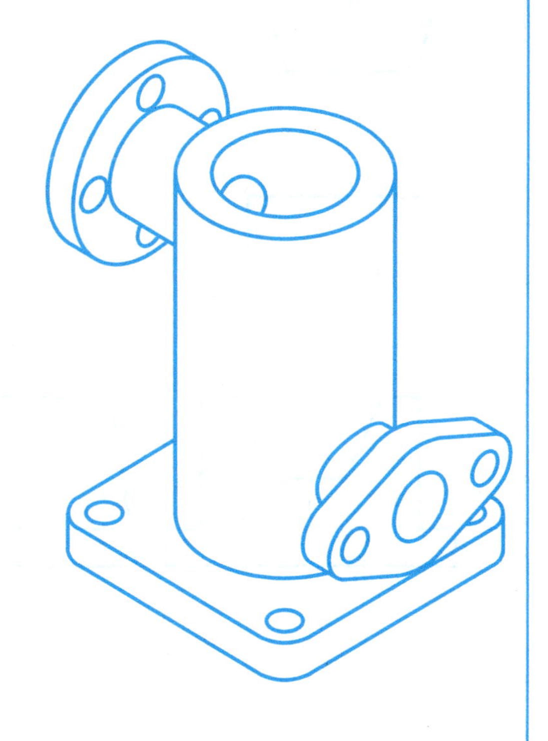

6-1　根据已知视图画正等轴测图

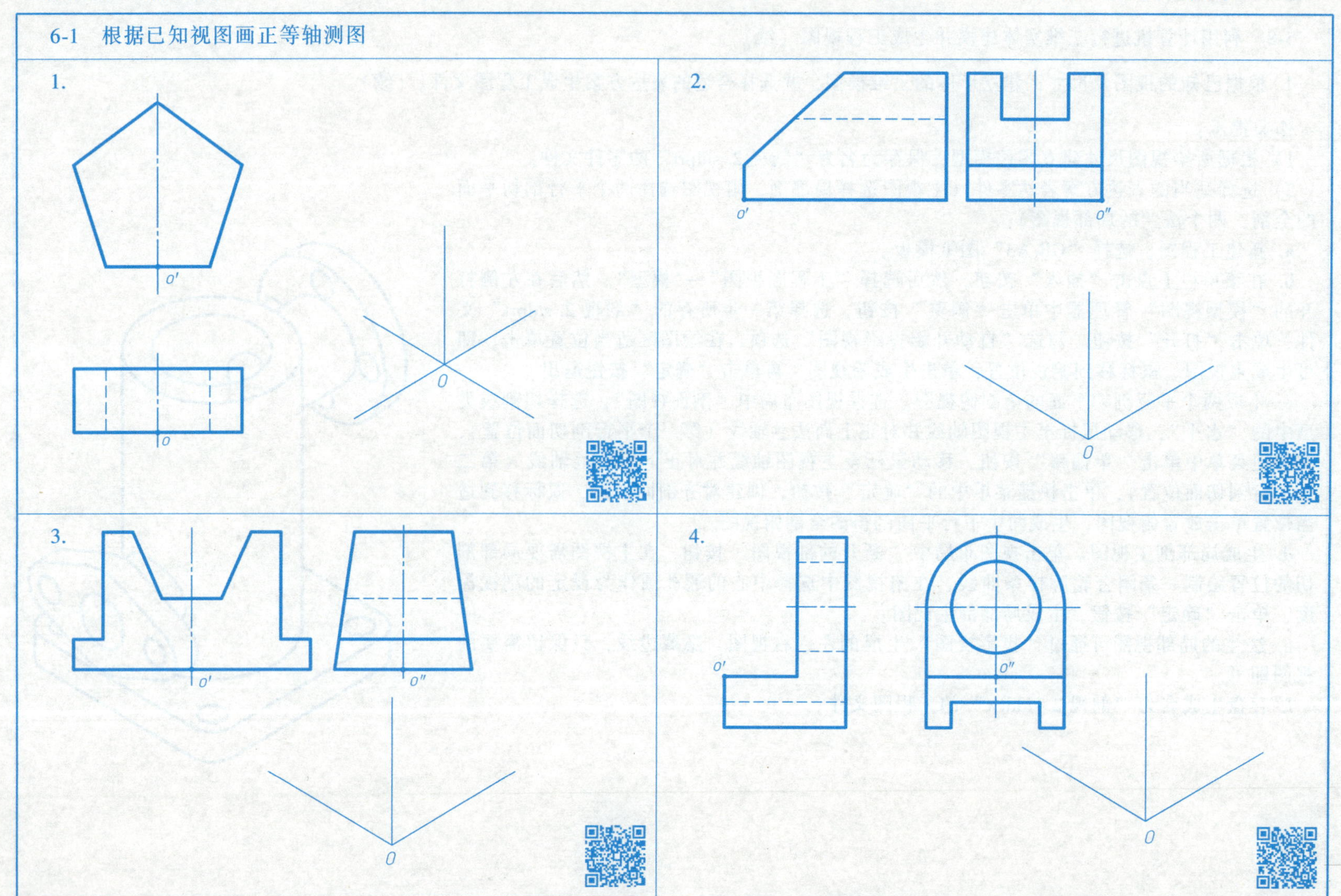

6-2　根据已知视图画正等轴测图和斜二轴测图

1.

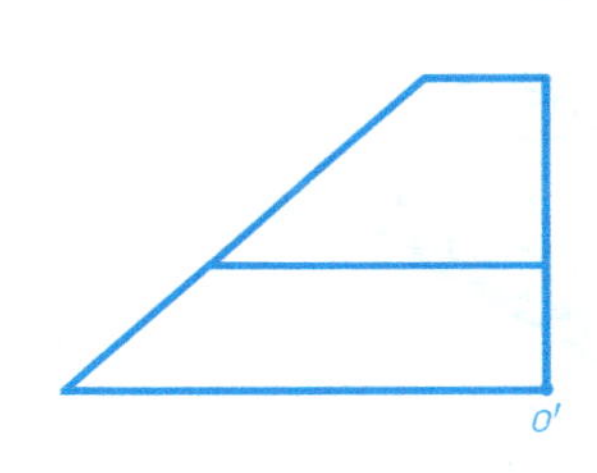

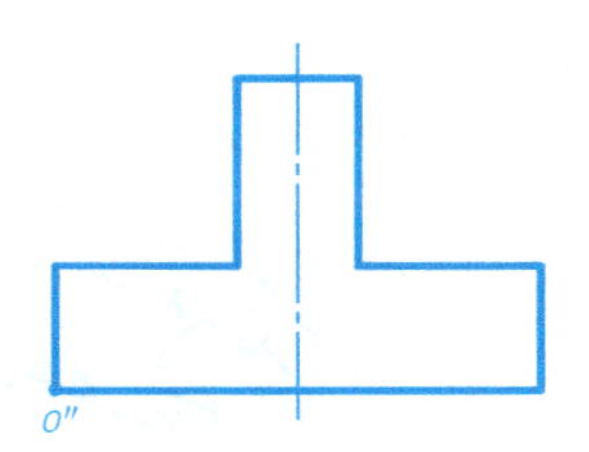

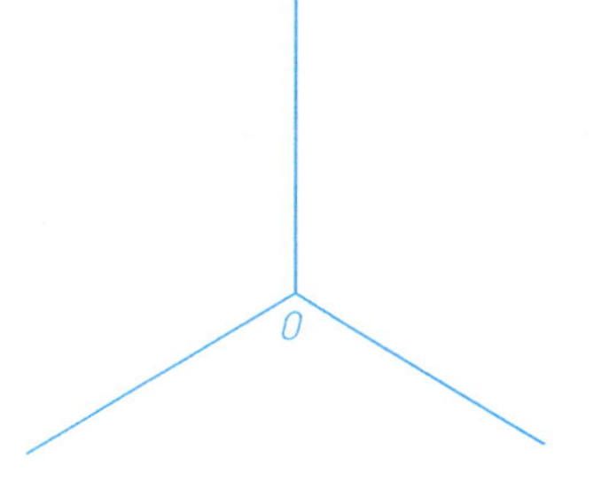

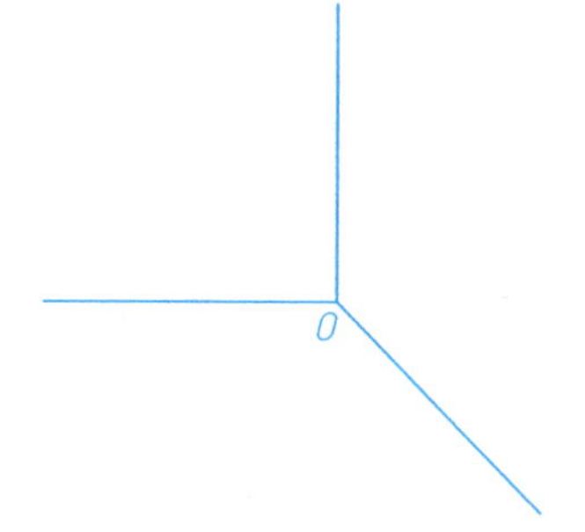

2.

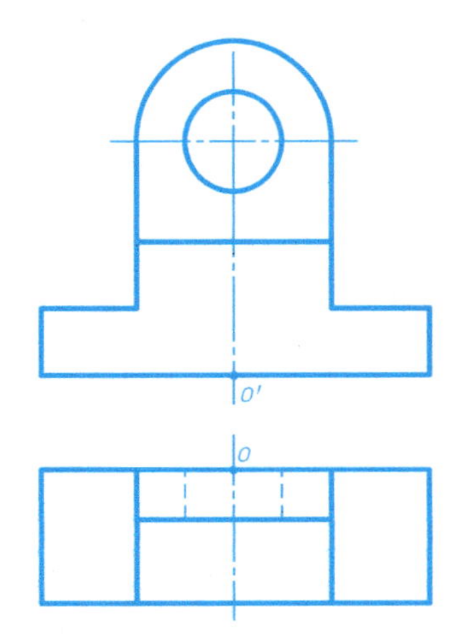

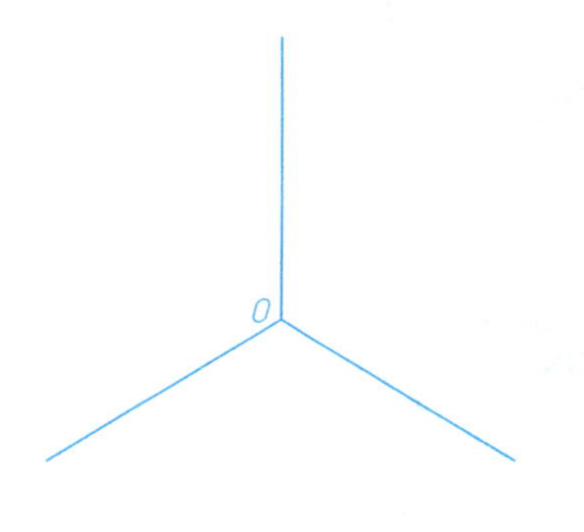

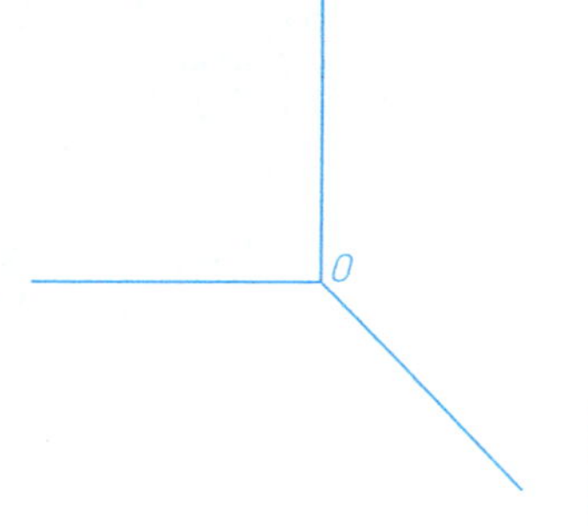

7-1　根据零件的立体图画出其视图，并标注尺寸

1. 阀杆。

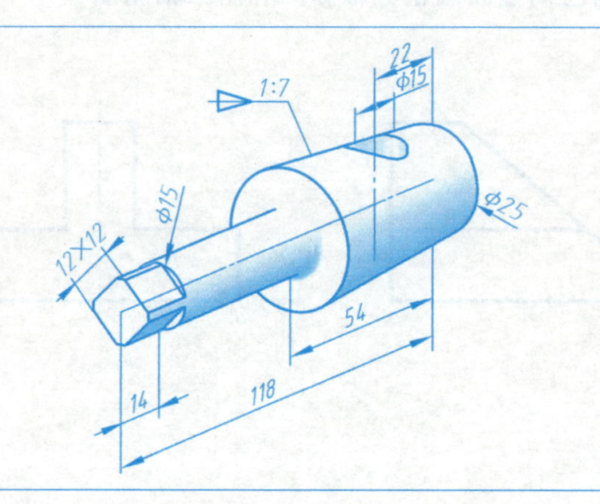

2. 阀体（比例 1：2）。

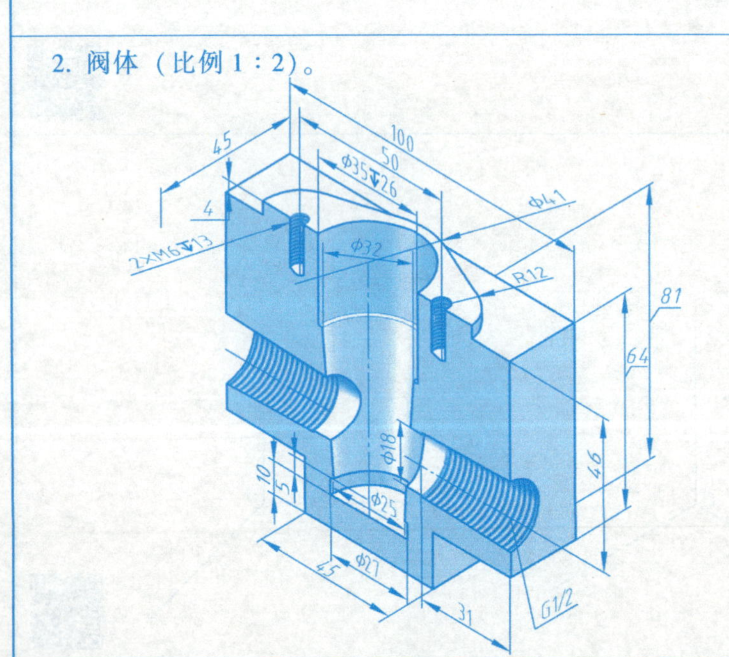

7-2　零件图的技术要求

1. 根据已知的表面粗糙度要求，将相应的表面粗糙度用代号标注在图上。

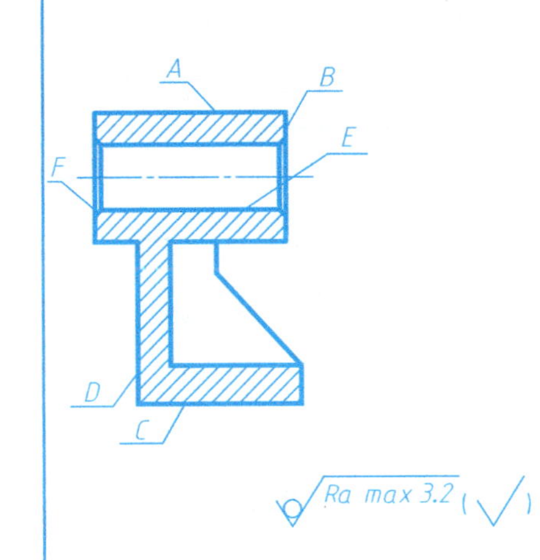

A 圆柱面为用去除材料的方法获得的表面，*Ra* 的上限值为 12.5μm。

B 面为用去除材料的方法获得的表面，*Ra* 的上限值为 6.3μm。

C 面为用去除材料的方法获得的表面，*Ra* 的上限值为 6.3μm。

D 面为用不去除材料的方法获得的表面，*Ra* 的上限值为 12.5μm。

E 圆柱面为用去除材料的方法获得的表面，*Ra* 的最大允许值为 3.2μm。

F 倒角面为用去除材料的方法获得的表面，*Ra* 的上限值为 12.5μm。

2. 识别左图中表面结构粗糙度的标注错误，将正确的标注在右图上。

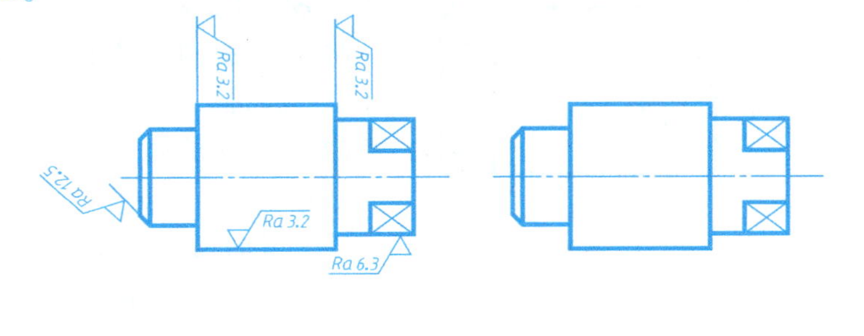

3. 根据轴和孔的极限偏差值，在装配图上注出其配合代号。

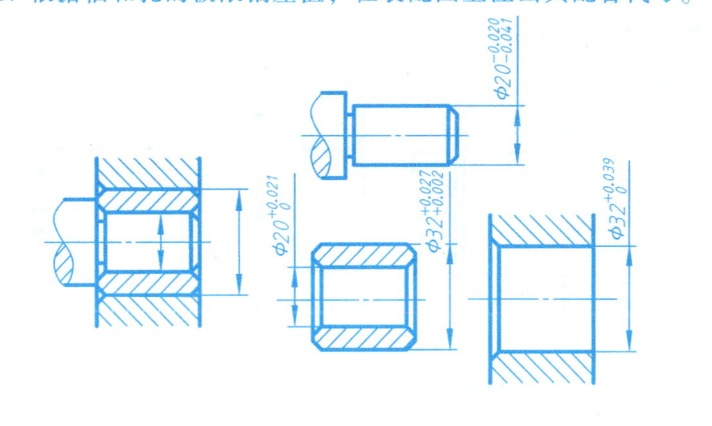

4. 已知孔 ϕ30H7，轴 ϕ30f8。

(1) 孔的上极限偏差__________，下极限偏差__________，公差__________。

(2) 轴的上极限偏差__________，下极限偏差__________，公差__________。

(3) 该配合的公称尺寸__________，配合种类__________。

(4) 在零件图中以极限偏差形式标注孔、轴的尺寸。

(5) 在装配图中标注配合代号。

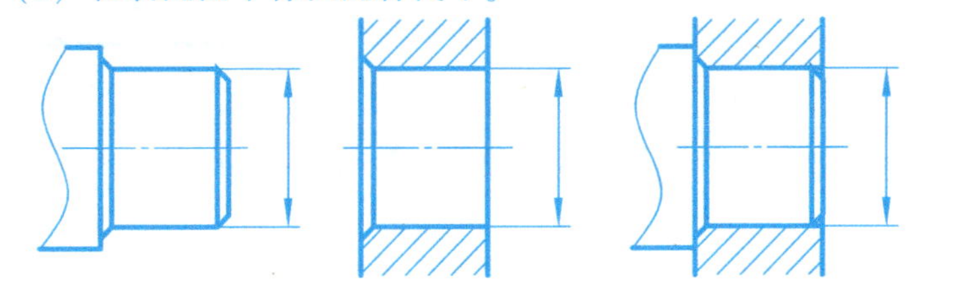

7-2　零件图的技术要求（续）

5. 根据配合代号，在零件图上分别标出轴和孔的极限偏差值，并指出是何类配合。

（1）

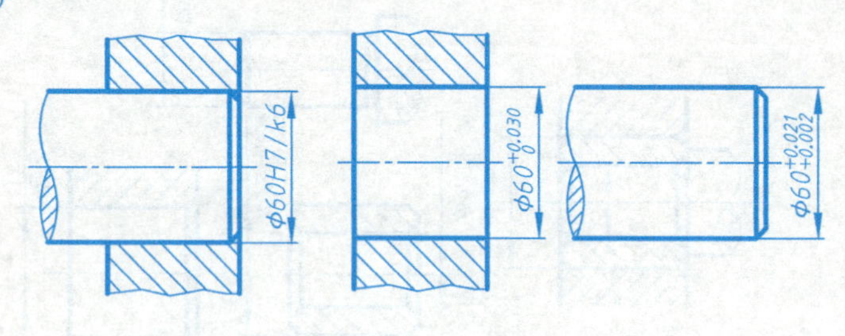

该配合为________制________配合

（2）

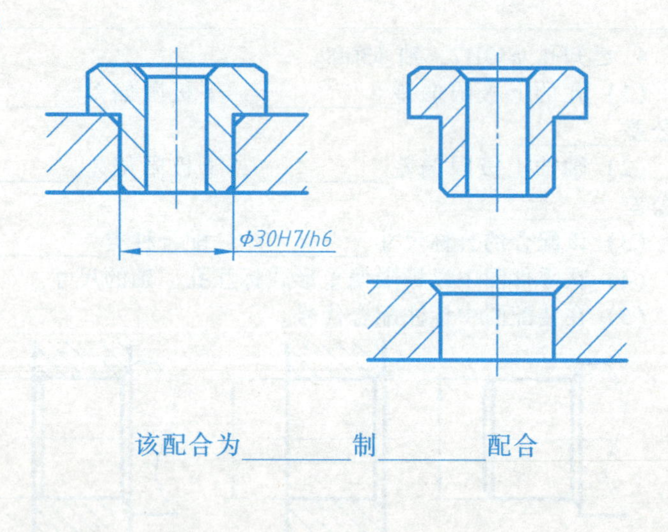

该配合为________制________配合

6. 说明图中标注的几何公差的含义。

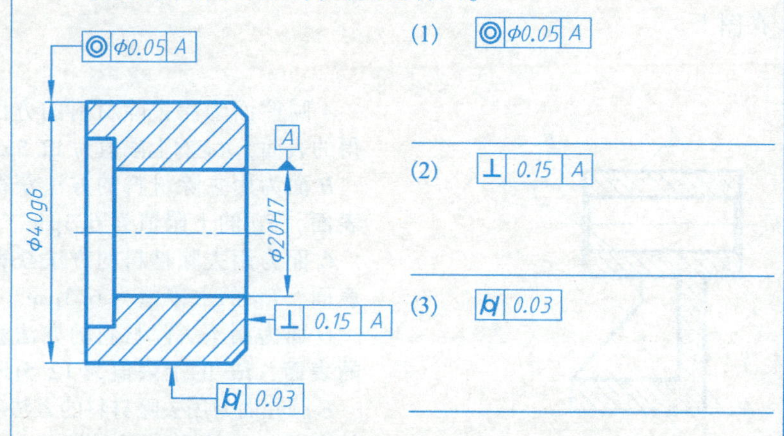

7. 根据题目要求，将相应的几何公差标注在图上。

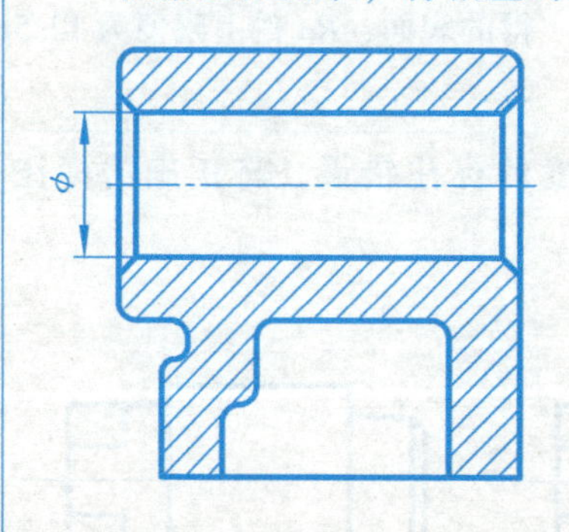

（1）孔 ϕ 轴线直线度误差不大于 ϕ0.012mm。

（2）孔 ϕ 圆柱度误差不大于 0.005mm。

（3）底面平面度误差不大于 0.01mm。

（4）孔 ϕ 轴线对底面平行度误差不大于 ϕ0.03mm。

7-3 零件上常见结构的尺寸注法

1. 根据已知尺寸查阅相关标准，并为下面各工艺结构标注尺寸。

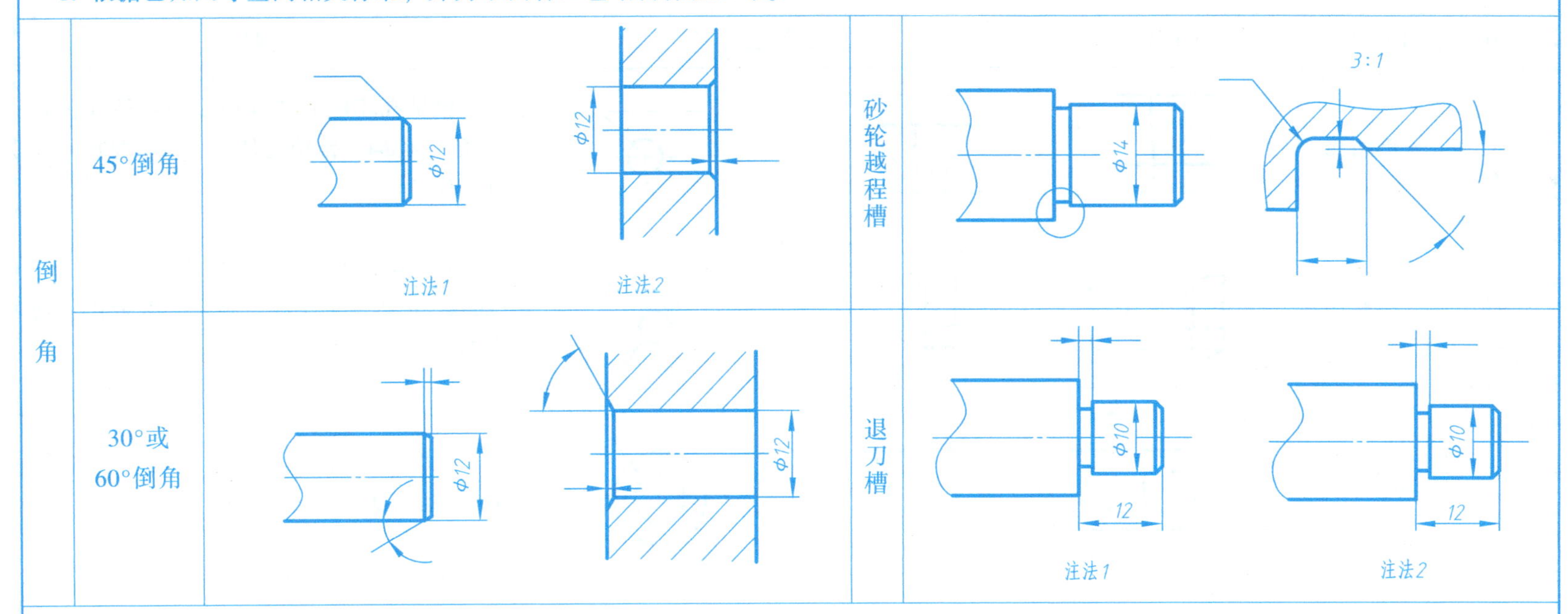

2. 为下列常见的各类孔标注尺寸。

孔的结构类型		普通注法	旁注法		说明
光孔	一般孔				4个均匀分布的ϕ5，光孔深度12mm。

7-3　零件上常见结构的尺寸注法（续）

2. 为下列常见的各类孔标注尺寸（续）

孔的结构类型		普通注法	旁注法		说明
光孔	锥销孔	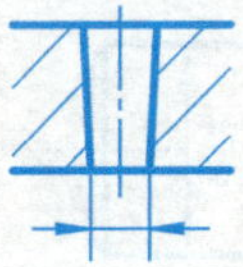	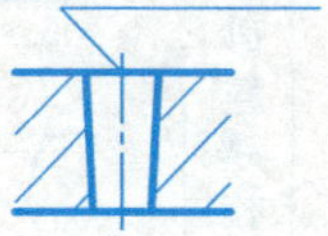	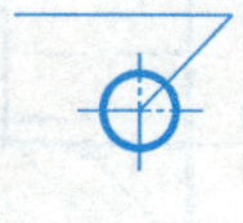	与锥销孔相配的圆锥销小端直径（公称直径）为 $\phi 4$，锥销孔是两零件装配在一起时配作。
螺纹孔	不通孔	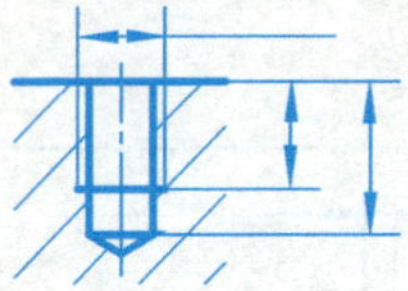	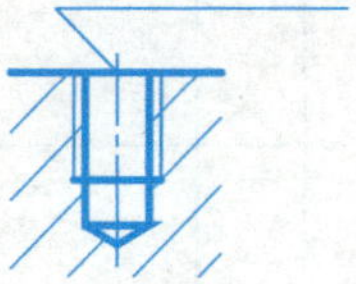	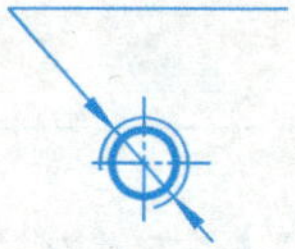	4 个 M6 螺纹孔，螺纹深 10mm、孔深 12mm，内螺纹的中径、顶径公差带代号均为 6H。
沉孔	锥形沉孔	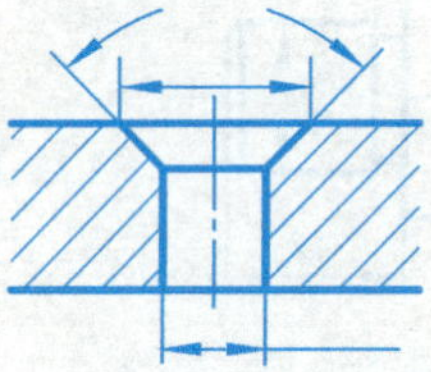	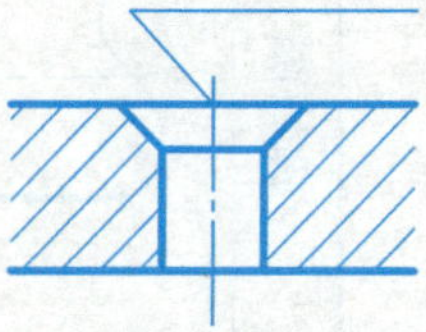	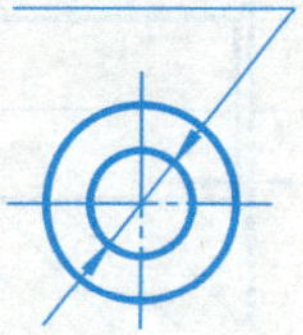	4 个均匀分布的 $\phi 7$ 孔，锥形沉孔直径 $\phi 13$，锥角 90°。
	柱形沉孔	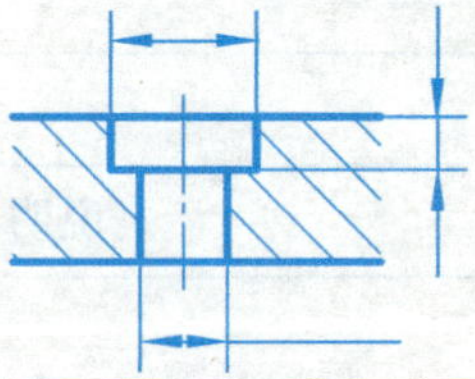	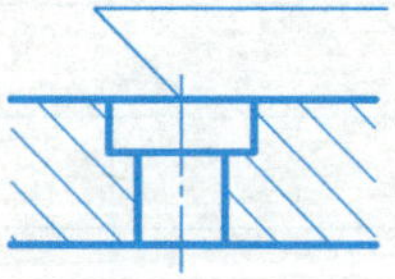	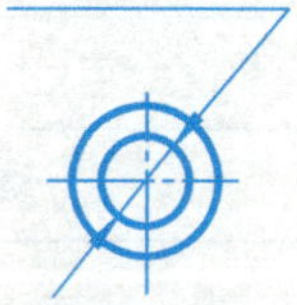	4 个均匀分布的 $\phi 6$ 孔，柱形沉孔直径 $\phi 10$，深 3.5mm。
	锪平面	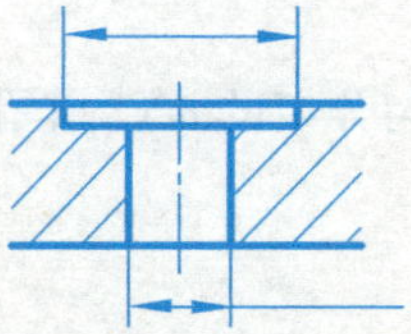		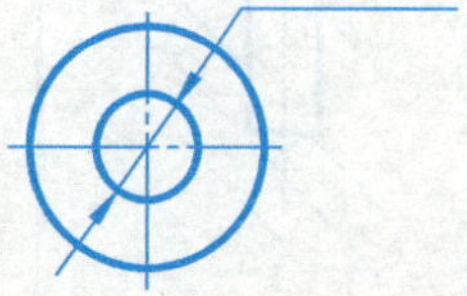	4 个螺栓通孔 $\phi 7$，锪平直径 $\phi 16$，深度不需要标注，一般锪平到不出现毛面为止。

7-4　根据已知的模型及尺寸，建立三维模型并生成零件工作图

1. 支架体建模并生成零件工作图。

(1) 建模提示：

1) 新建零件文件，命名为“支架体 . sldprt”。

2) 首先利用形体分析法，创建主要模型特征。再根据相对位置关系，建立次级特征。

(2) 生成零件工程图的要求：

1) 根据零件的类型，选择适当的表达方案生成一组视图，表达零件的结构形状。

2) 合理、正确、完整地标注尺寸。注意公差配合尺寸的标注。

3) 几何公差可参考所学零件图，适当选择标注。

4) 对加工面标注粗糙度要求。注意粗糙度大小数值选择的原则，如运动配合面取 0.8～1.6μm，接触装配面取 6.3μm，光孔取 12.5μm 等。

5) 注写技术要求并填写标题栏。

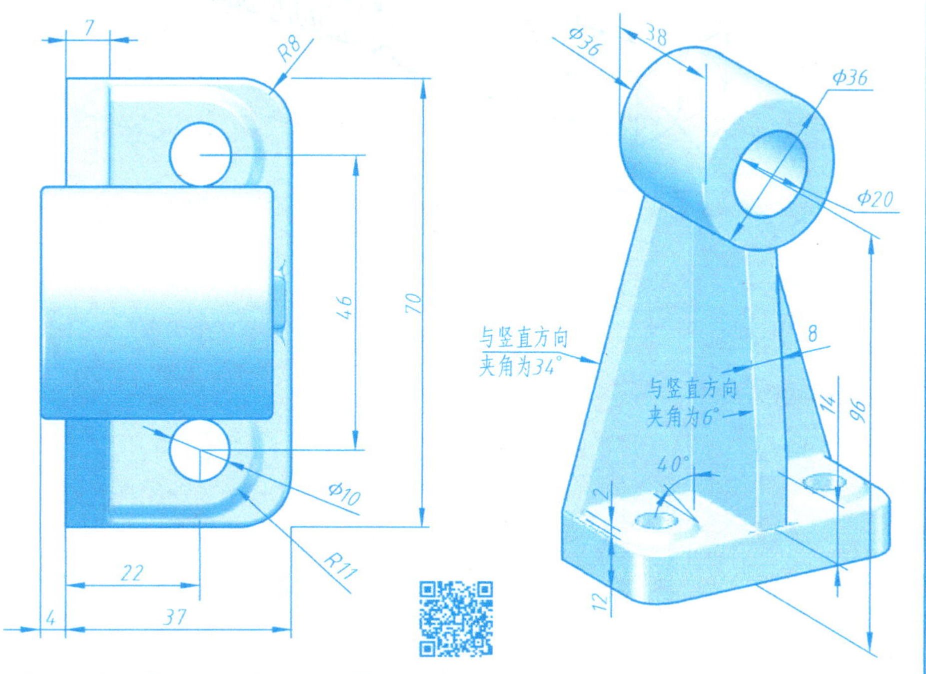

7-4　根据已知的模型及尺寸，建立三维模型并生成零件工作图（续）

2. 螺杆建模并生成零件工作图。

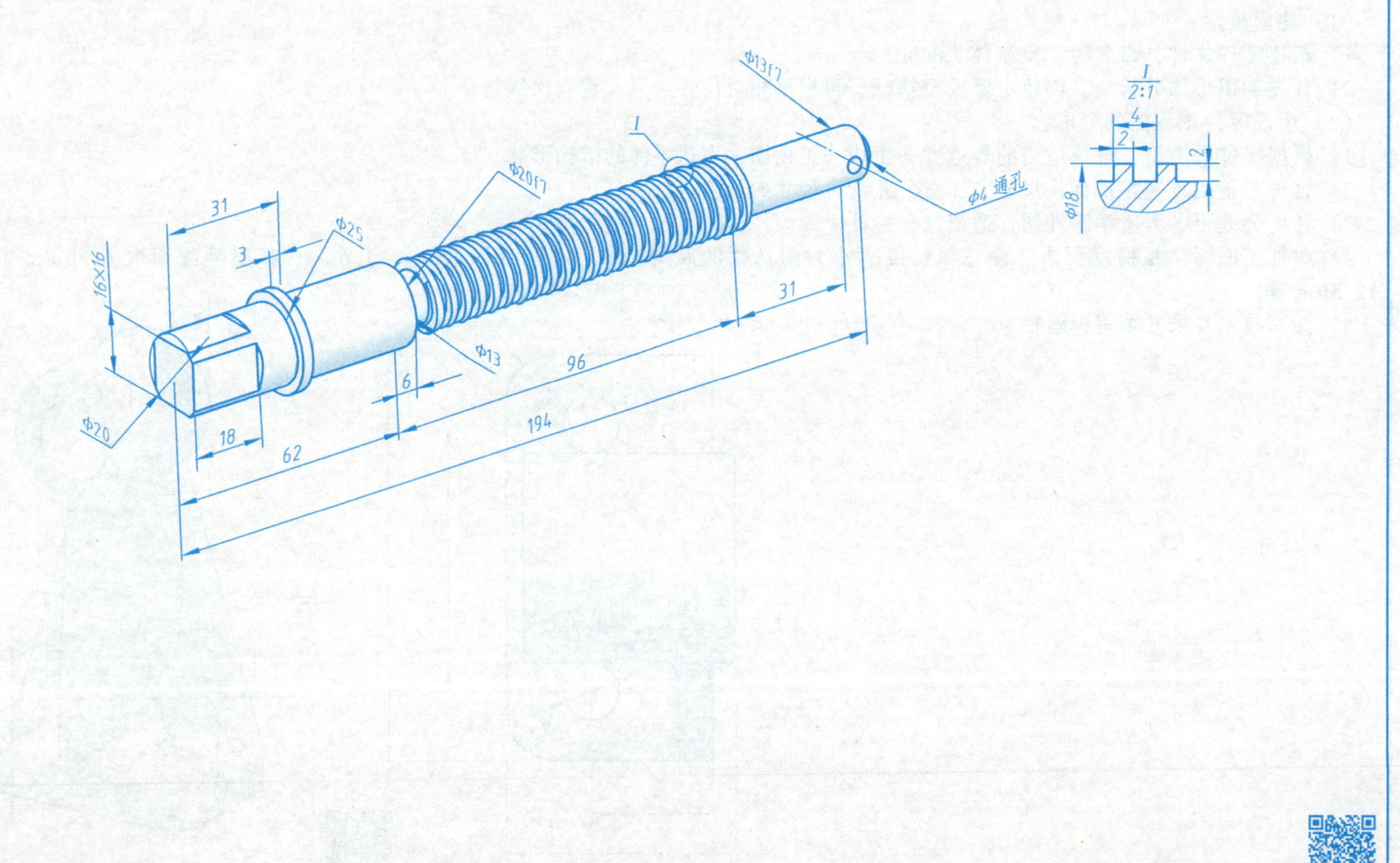

7-4　根据已知的模型及尺寸，建立三维模型并生成零件工作图（续）

3. 压盖建模并生成零件工作图。

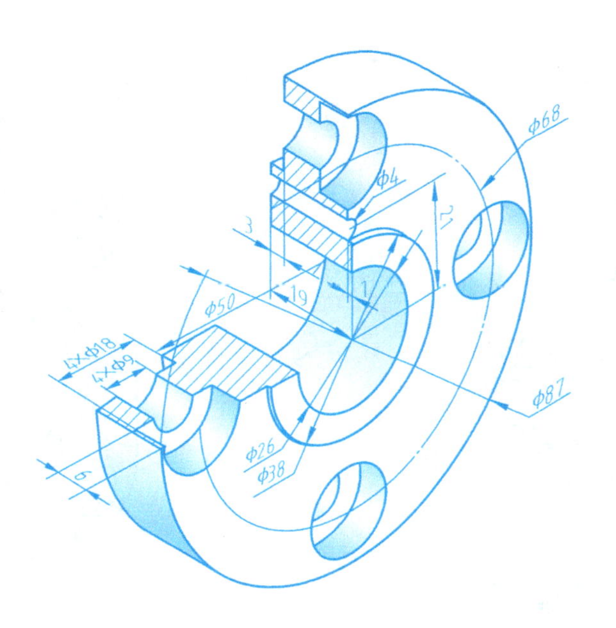

7-4　根据已知的模型及尺寸，建立三维模型并生成零件工作图（续）

4. 阀体建模并生成零件工作图。

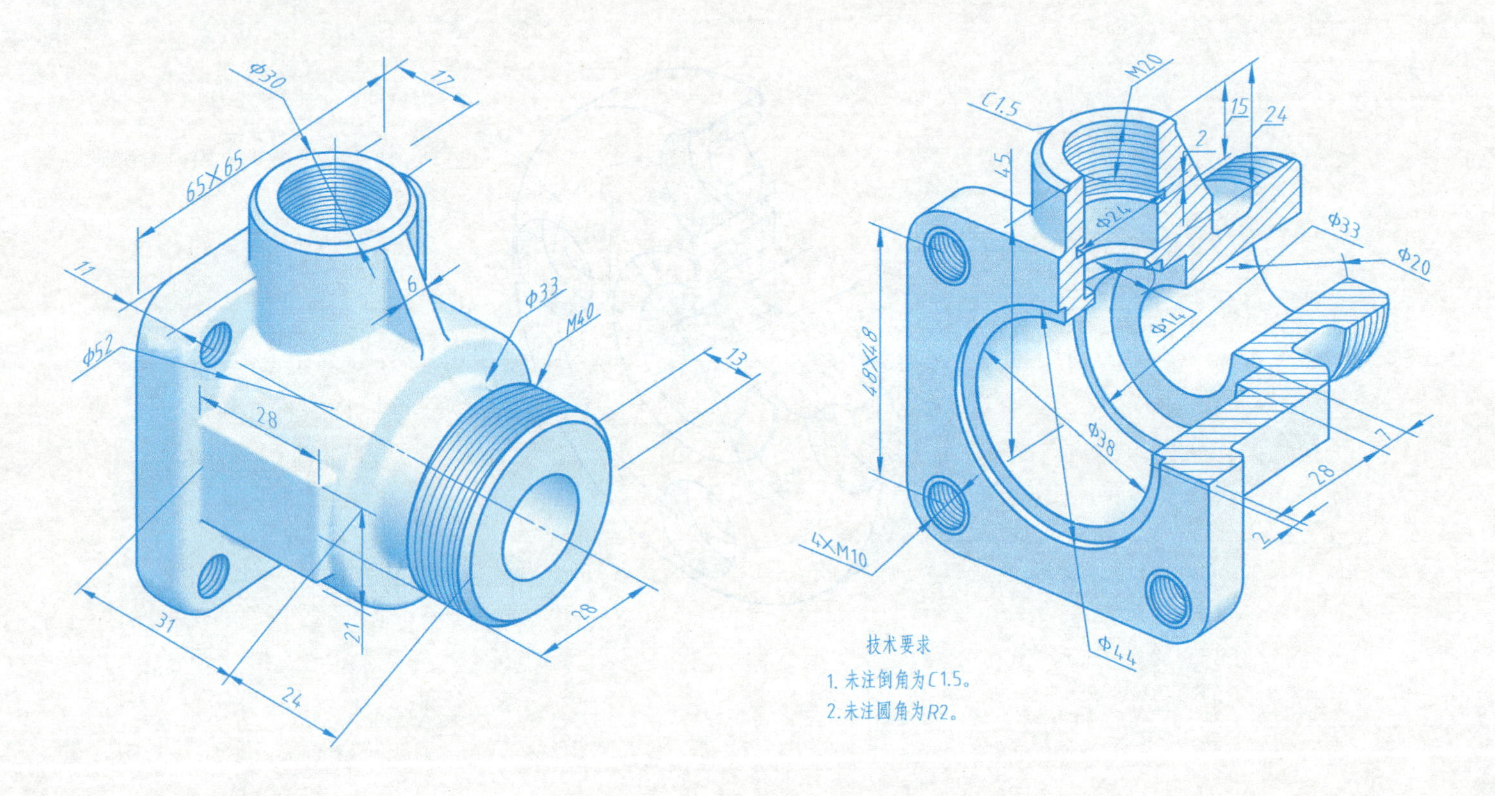

7-5　读零件图并回答问题

1.

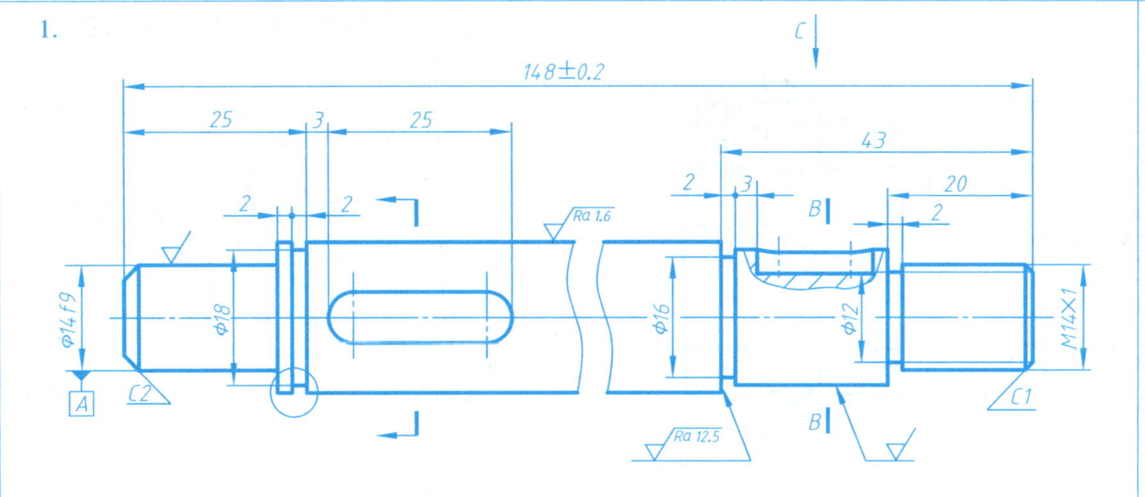

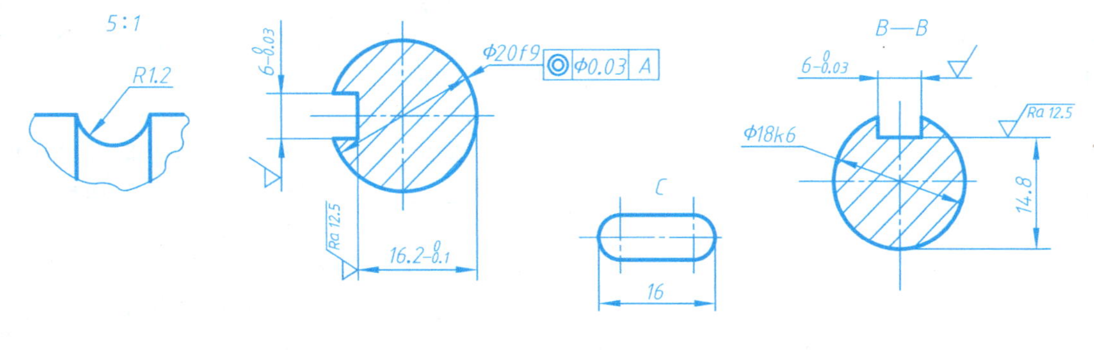

技术要求

1. 调质处理。
2. 表面淬火硬度40～50HRC。

√ = √Ra 6.3　　√Ra 25 (√)

轴			比例	1:1
			数量	1
制图		××××大学	材料	45
审核				

读轴零件图，回答下列问题：

1. 表达该零件的一组图形分别是________、__________、__________、________；其中主视图采用了________剖视方法。

2. 该轴的轴向主要尺寸基准在哪里？径向主要尺寸基准在哪里？（请在图上标注出来）

3. 图中键槽的定形尺寸为________、________、________；定位尺寸为________。

4. 螺纹标记 M14×1 中，M 是________代号，表示________螺纹，14 是指________，1 是指________。

5. 尺寸 ϕ14f9 中的公称尺寸为________，f9 为________代号，其中 f 为________代号，9 为________代号，其上极限尺寸为________，下极限尺寸为____________，公差为________。

6. 解释 [◎|φ0.03|A] 的含义：表示的是________公差，其中被测要素为____________，基准要素为________，公差值为________。

7-5　读零件图并回答问题（续）

2.

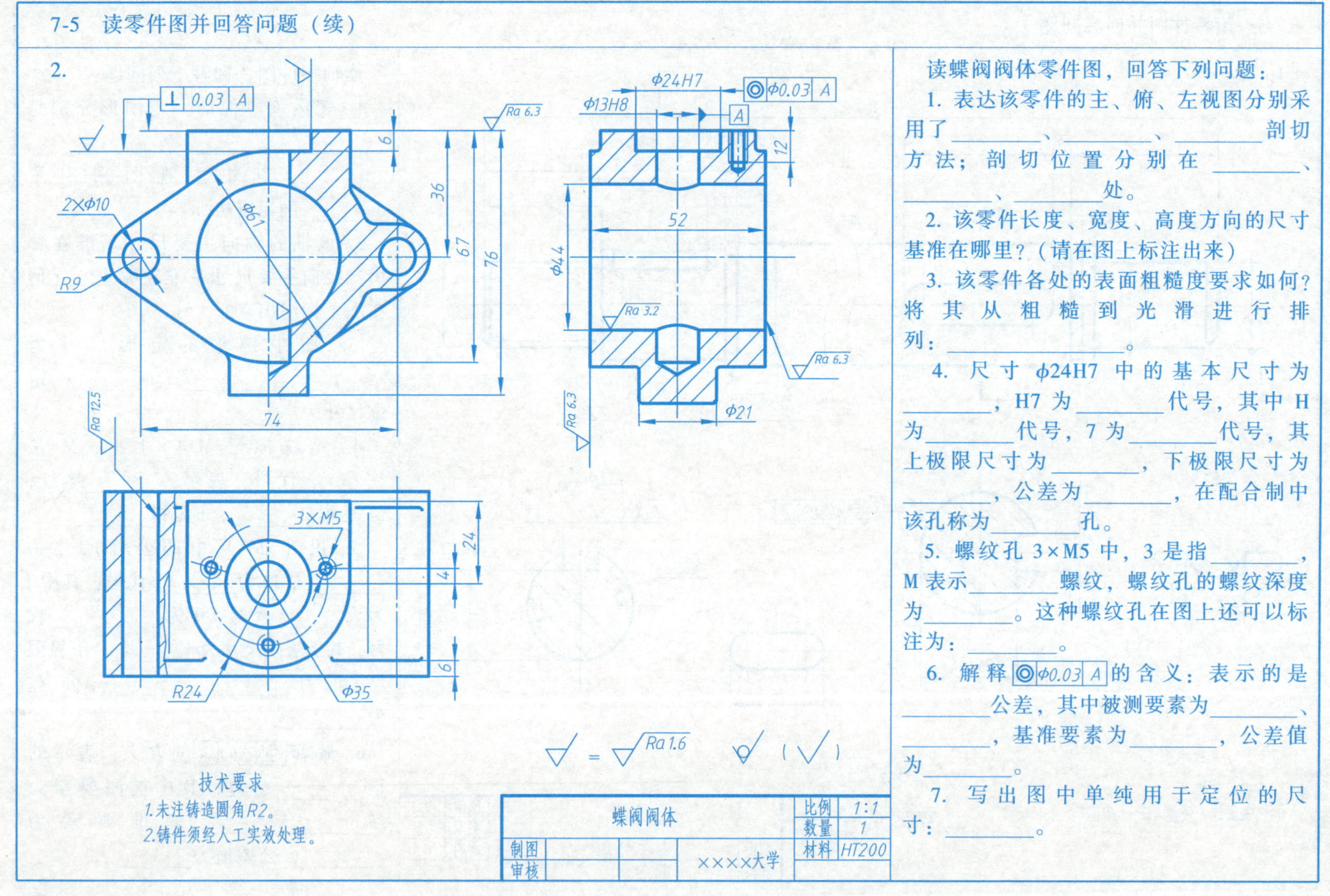

读蝶阀阀体零件图，回答下列问题：

1. 表达该零件的主、俯、左视图分别采用了________、________、________剖切方法；剖切位置分别在________、________、________处。

2. 该零件长度、宽度、高度方向的尺寸基准在哪里？(请在图上标注出来)

3. 该零件各处的表面粗糙度要求如何？将其从粗糙到光滑进行排列：________________。

4. 尺寸 ϕ24H7 中的基本尺寸为________，H7 为________代号，其中 H 为________代号，7 为________代号，其上极限尺寸为________，下极限尺寸为________，公差为________，在配合制中该孔称为________孔。

5. 螺纹孔 3×M5 中，3 是指________，M 表示________螺纹，螺纹孔的螺纹深度为________。这种螺纹孔在图上还可以标注为：________。

6. 解释 ◎ Φ0.03 A 的含义：表示的是________公差，其中被测要素为________、________，基准要素为________，公差值为________。

7. 写出图中单纯用于定位的尺寸：________。

7-5　读零件图并回答问题（续）

3.

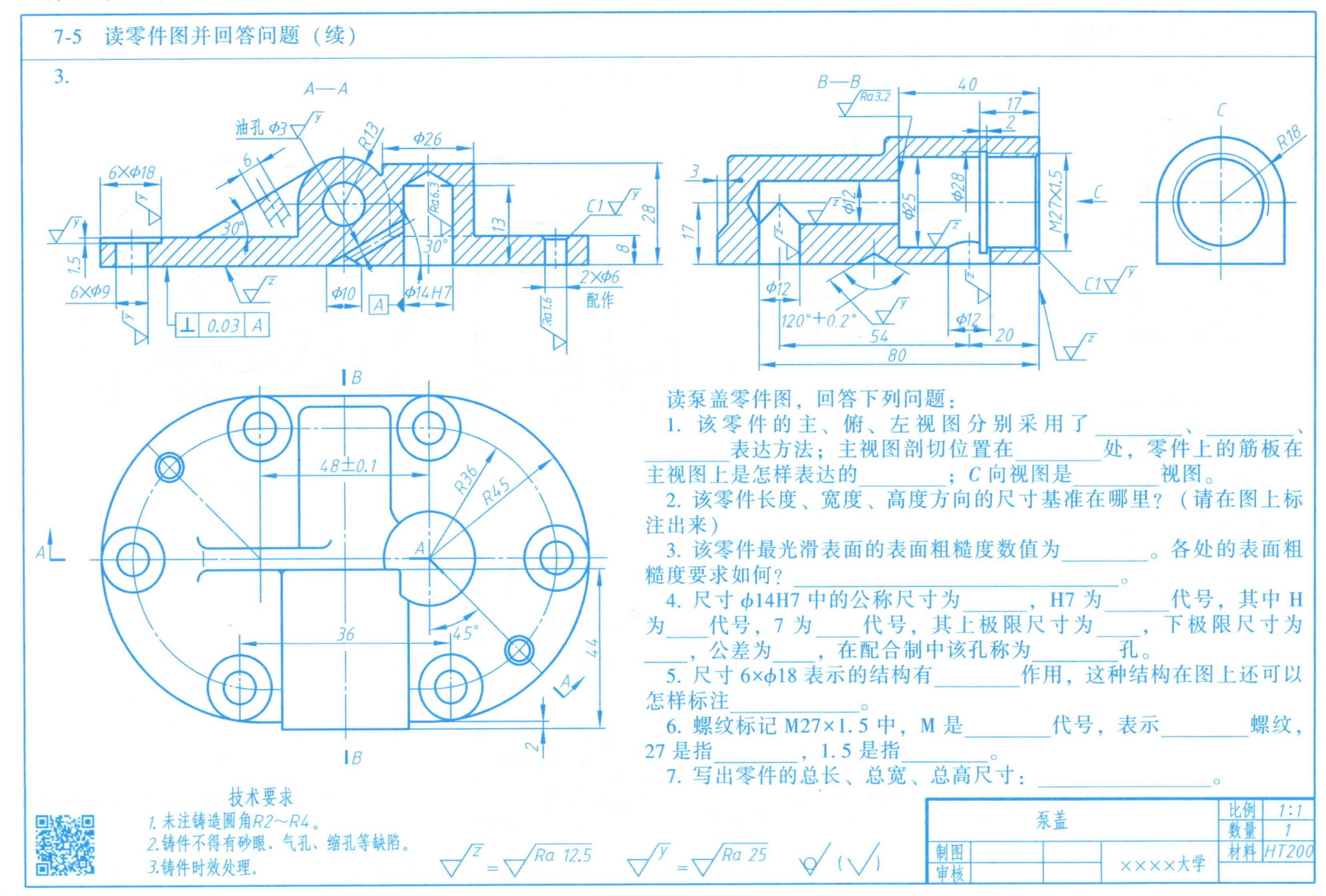

读泵盖零件图，回答下列问题：

1. 该零件的主、俯、左视图分别采用了________、________、________表达方法；主视图剖切位置在________处，零件上的筋板在主视图上是怎样表达的________；C 向视图是________视图。

2. 该零件长度、宽度、高度方向的尺寸基准在哪里？（请在图上标注出来）

3. 该零件最光滑表面的表面粗糙度数值为________。各处的表面粗糙度要求如何？________________。

4. 尺寸 φ14H7 中的公称尺寸为______，H7 为______代号，其中 H 为____代号，7 为____代号，其上极限尺寸为____，下极限尺寸为____，公差为____，在配合制中该孔称为________孔。

5. 尺寸 6×φ18 表示的结构有________作用，这种结构在图上还可以怎样标注____________。

6. 螺纹标记 M27×1.5 中，M 是________代号，表示________螺纹，27 是指________，1.5 是指________。

7. 写出零件的总长、总宽、总高尺寸：______________。

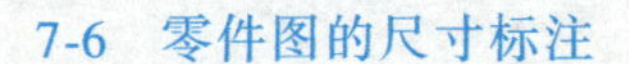

7-6 零件图的尺寸标注

1. 标注活动螺母的尺寸（数值由图上直接量取）。

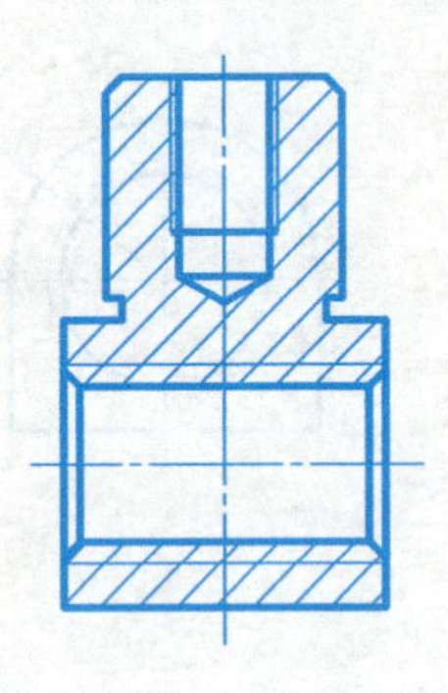

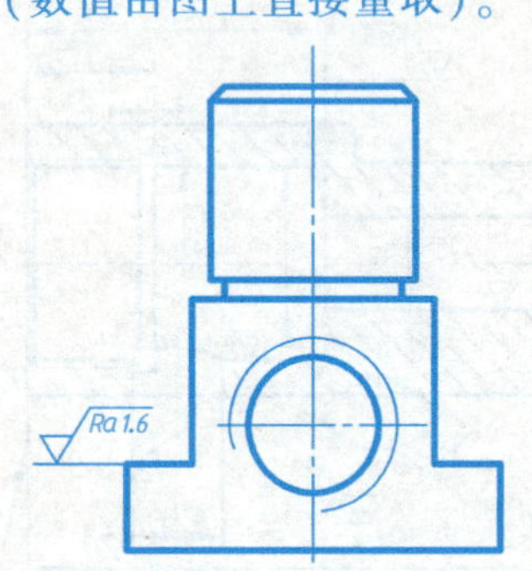

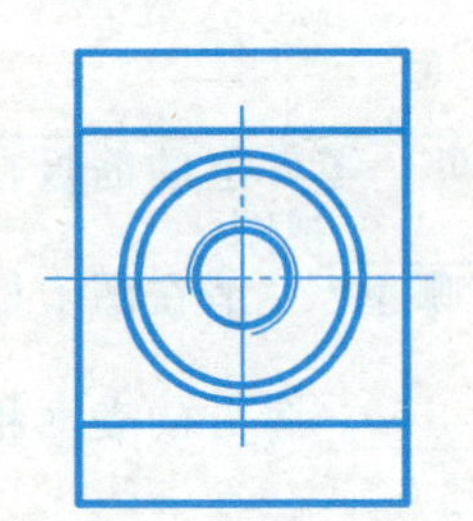

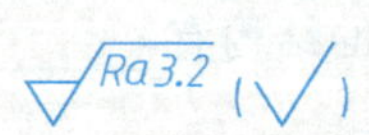

活动螺母			比例	1:1
			数量	1
制图		××××大学	材料	45
审核				

2. 标注轴承座的尺寸（数值由图上直接量取）。

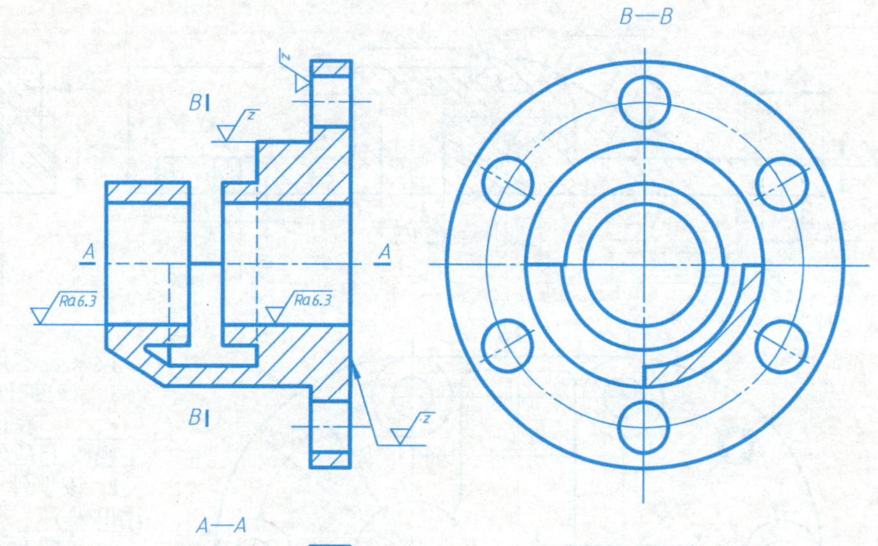

技术要求

未注铸造圆角R2～R3。

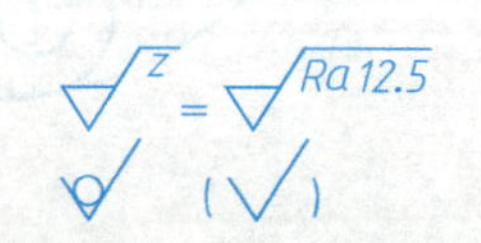

轴 承 座			比例	1:1
			数量	1
制图		××××大学	材料	HT200
审核				

7-6　零件图的尺寸标注（续）

3. 标注壳体的尺寸（数值由图上直接量取）。

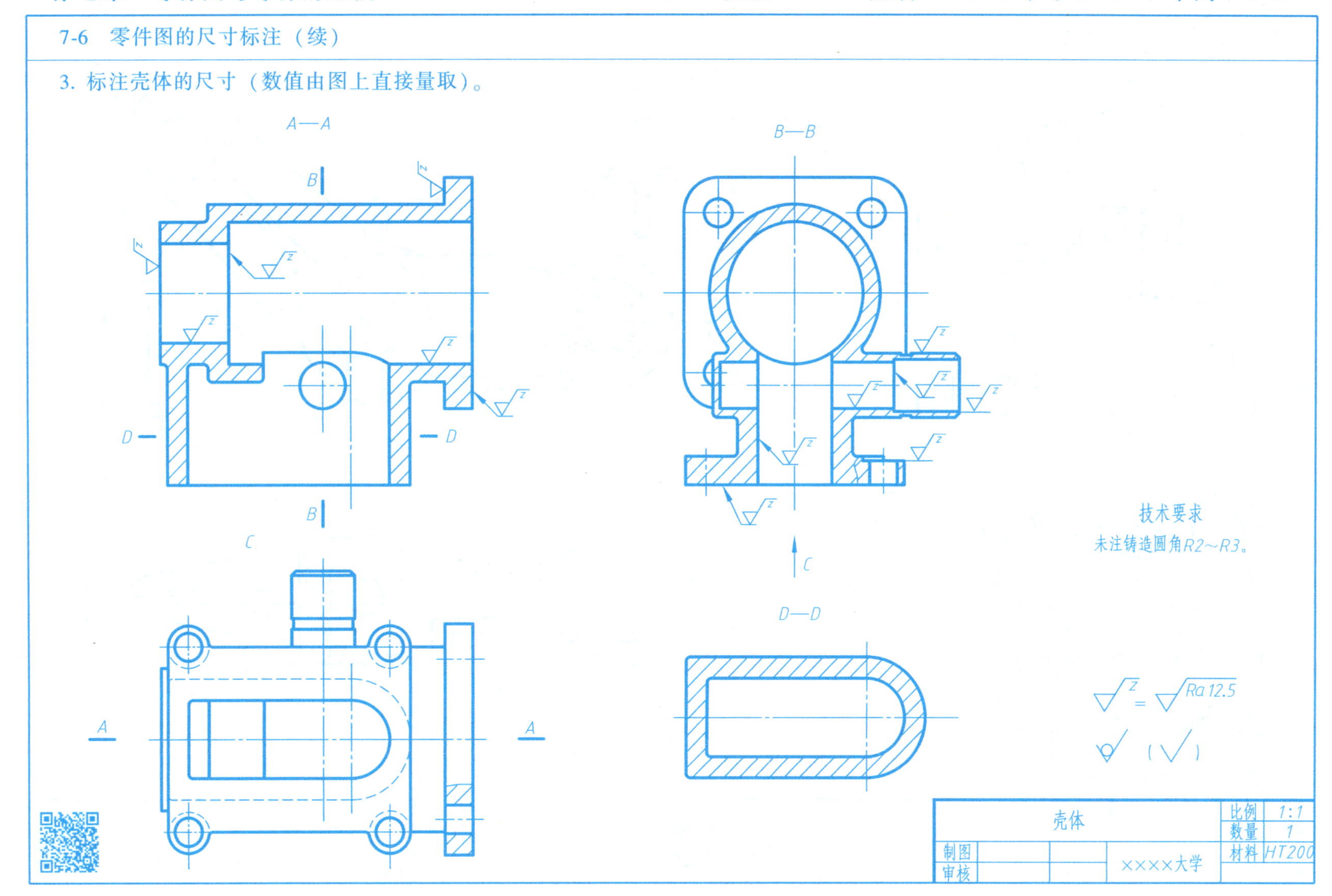

7-7　根据零件图建立其三维模型

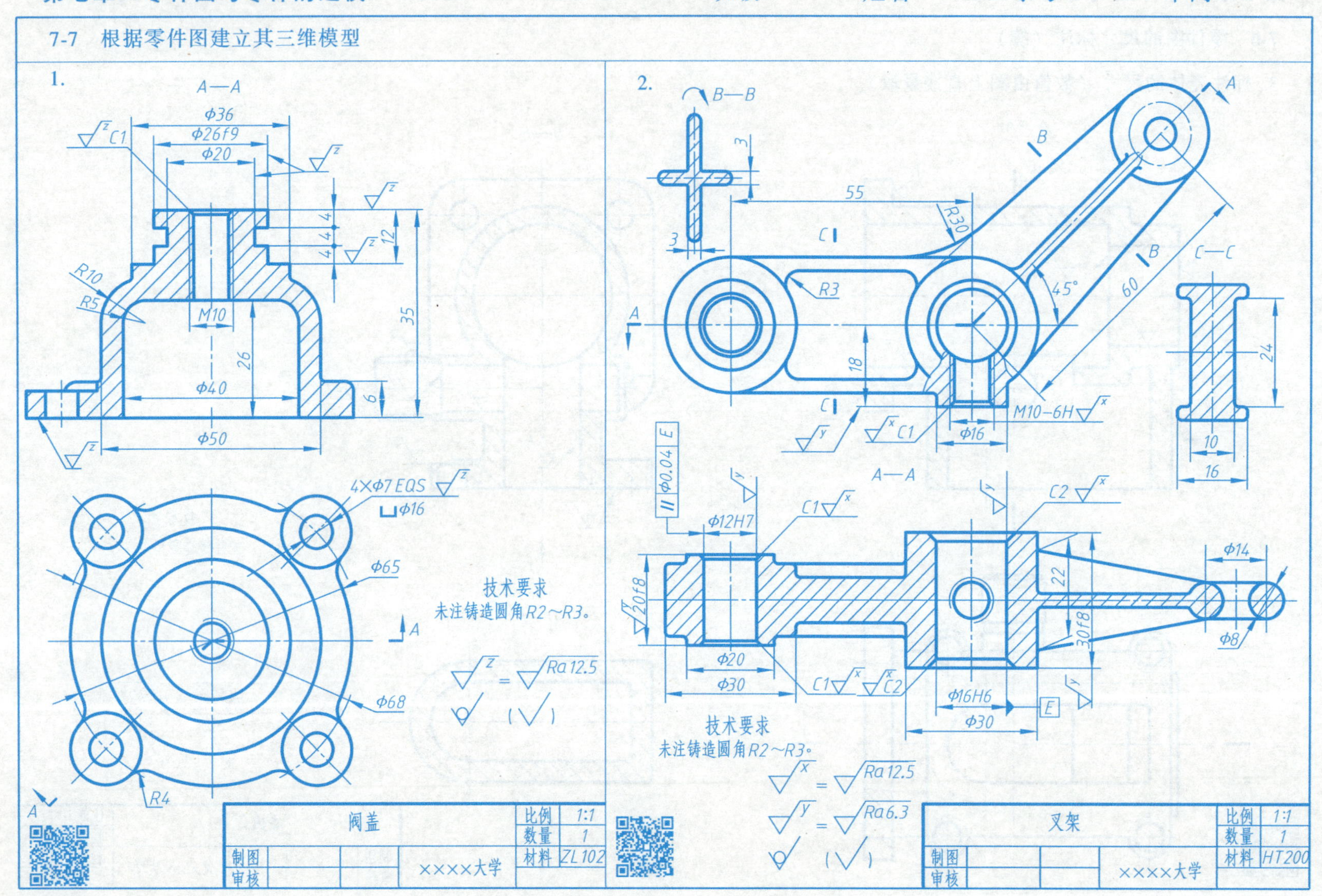

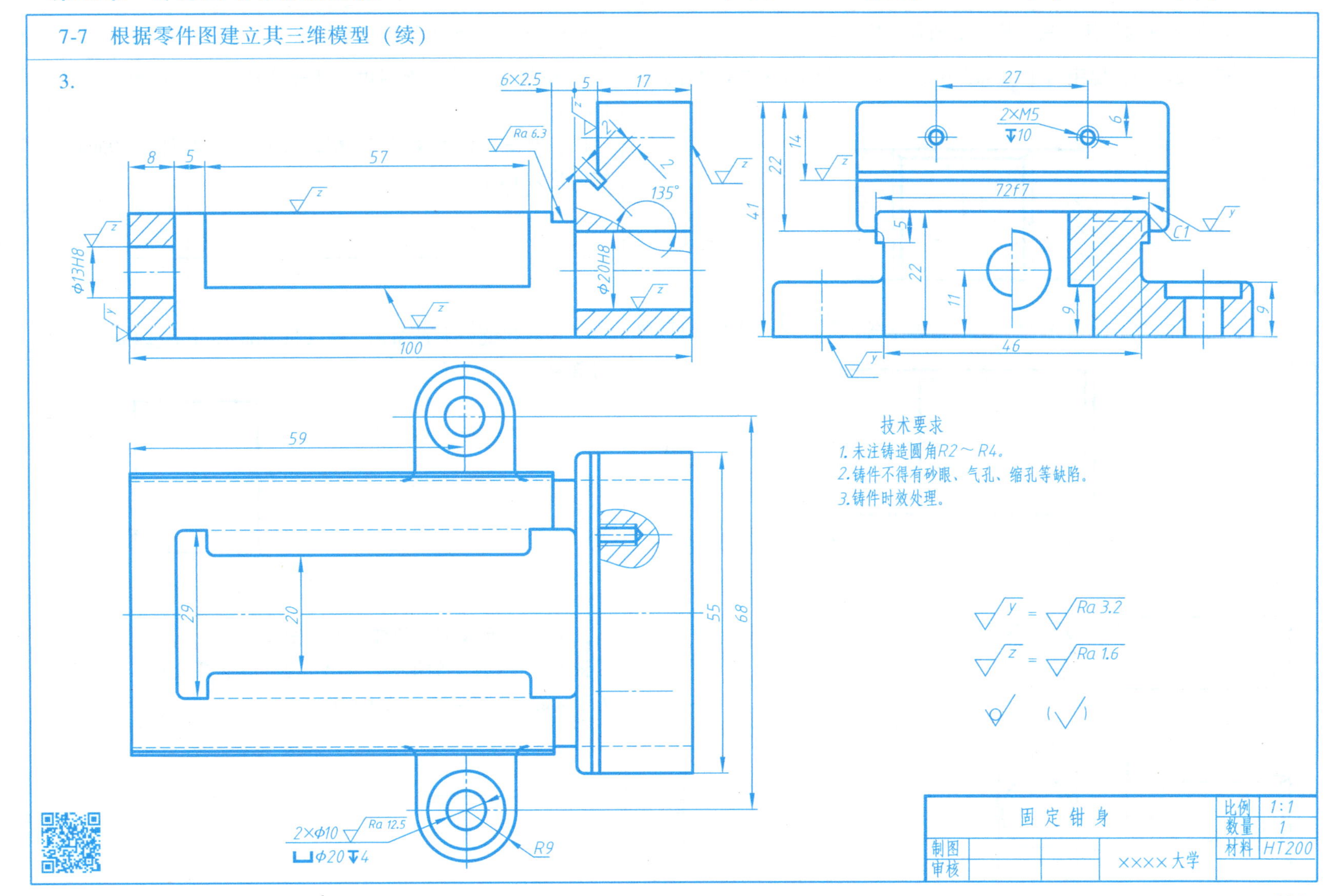
7-7　根据零件图建立其三维模型（续）
3.
技术要求
1. 未注铸造圆角R2～R4。
2. 铸件不得有砂眼、气孔、缩孔等缺陷。
3. 铸件时效处理。
固定钳身
比例 1:1
数量 1
材料 HT200
制图
审核
××××大学
2×M5
Ra 6.3
Ra 3.2
Ra 1.6
Ra 12.5
72f7
Φ13H8
Φ20H8
2×Φ10
R9
C1
135°

8-1　按照螺纹的标注方法，标注下列各个螺纹

1. 大径为24mm，螺距为1.5mm，中顶径公差带代号为7H的右旋普通细牙螺纹。

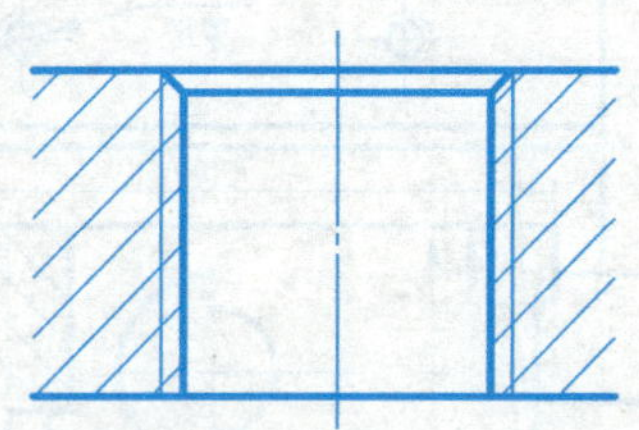

2. 大径为24mm，螺距为3mm，中顶径的公差带代号为5g6h的普通粗牙螺纹。

8-2　圈出下列螺纹在画法上的错误之处，并在右面画出正确的图形

1.

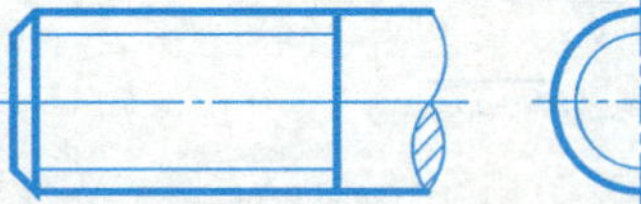

2.

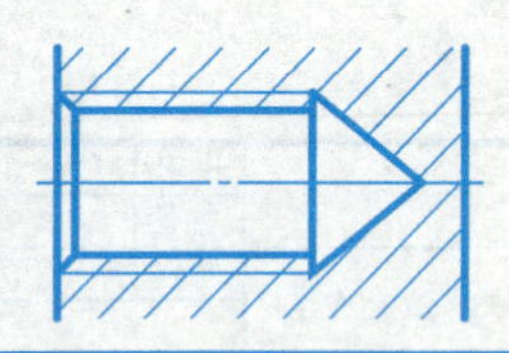

8-3　螺纹与螺纹连接的画法

1. 按规定画法，绘制内、外螺纹的主、左视图（比例为1∶1）。

（1）外螺纹，大径M16，螺纹长16mm，螺杆长30mm，螺纹倒角为$C2$。

（2）内螺纹，大径M16，螺纹长20mm，孔深24mm，螺纹倒角为$C2$。

2. 按要求完成下面的螺纹连接图。

将上题（1）中的螺杆，旋入（2）中的螺纹孔，旋合长度为16mm，作连接画法的主视图。

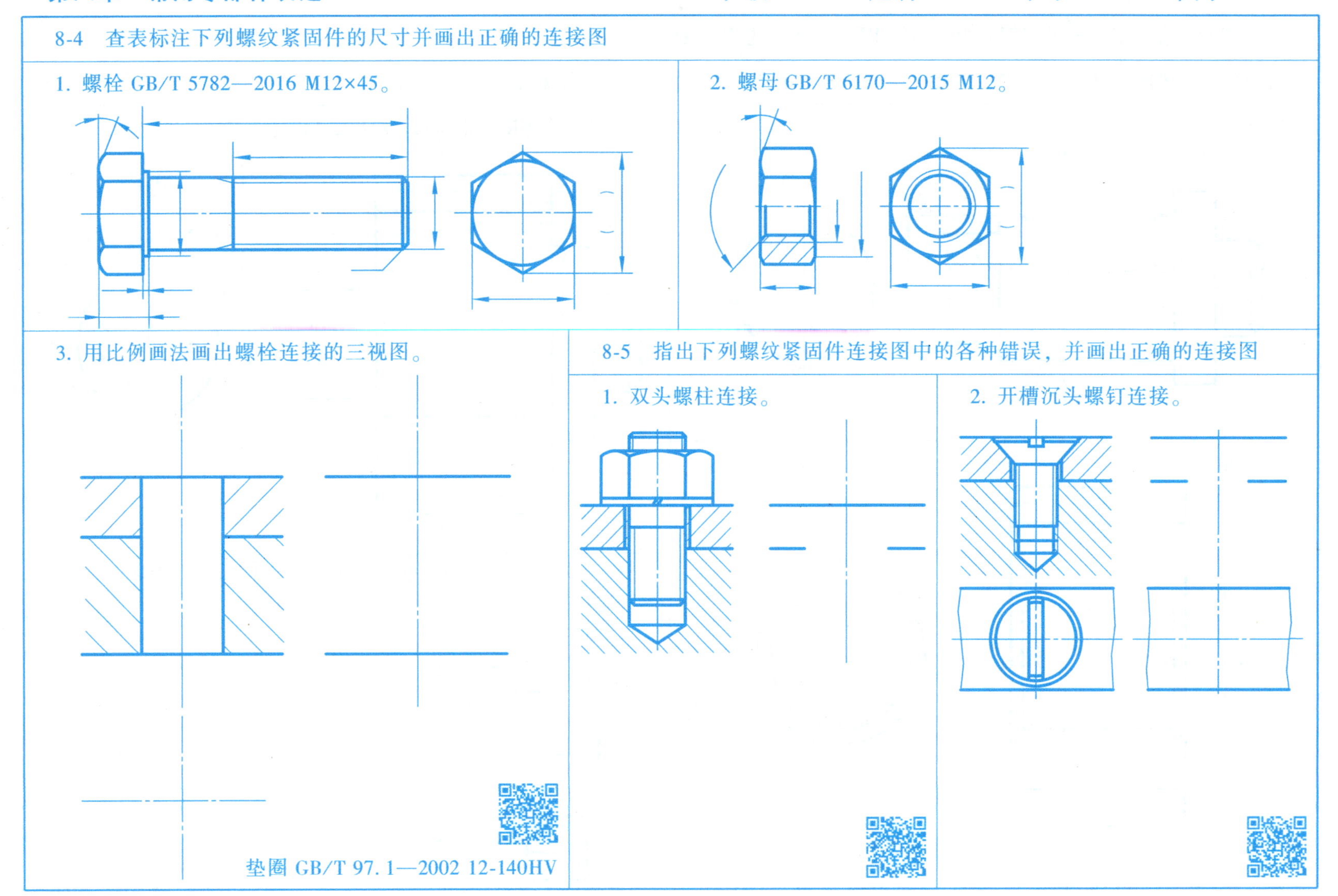
8-4　查表标注下列螺纹紧固件的尺寸并画出正确的连接图
1. 螺栓 GB/T 5782—2016 M12×45。
2. 螺母 GB/T 6170—2015 M12。
3. 用比例画法画出螺栓连接的三视图。
垫圈 GB/T 97.1—2002 12-140HV
8-5　指出下列螺纹紧固件连接图中的各种错误，并画出正确的连接图
1. 双头螺柱连接。
2. 开槽沉头螺钉连接。

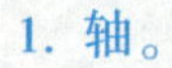

8-6 补画完整齿轮和轴的视图并画出它们用普通平键连接的装配图

齿轮和轴用普通平键（6×6×22）连接，查表确定键和键槽的尺寸，完成下列视图。

1. 轴。

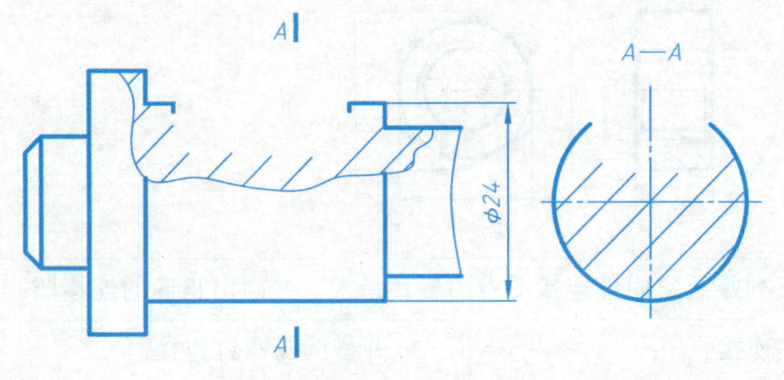

2. 齿轮。

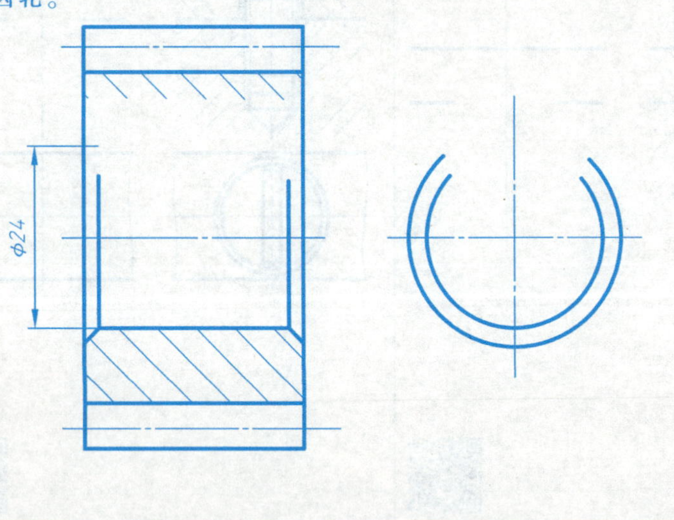

3. 用平键连接齿轮和轴，画出装配图。

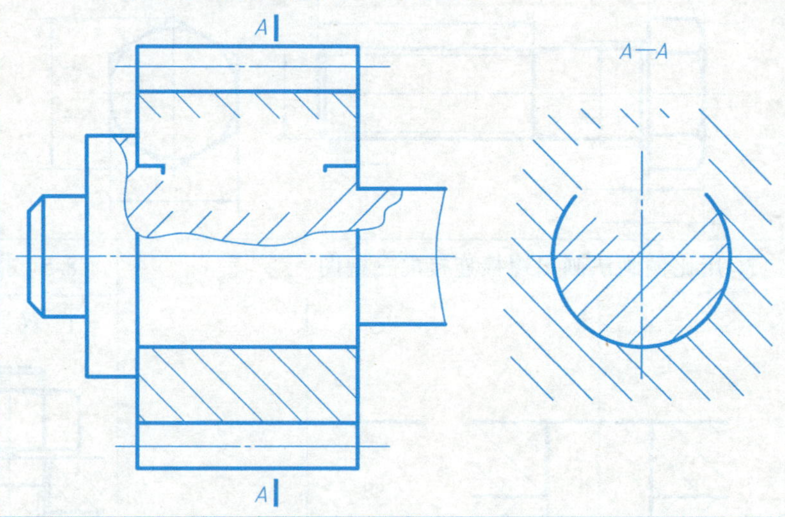

8-7 选择适当长度的 $\phi5$ 圆柱销，画出销连接的装配图，并写出规定标记

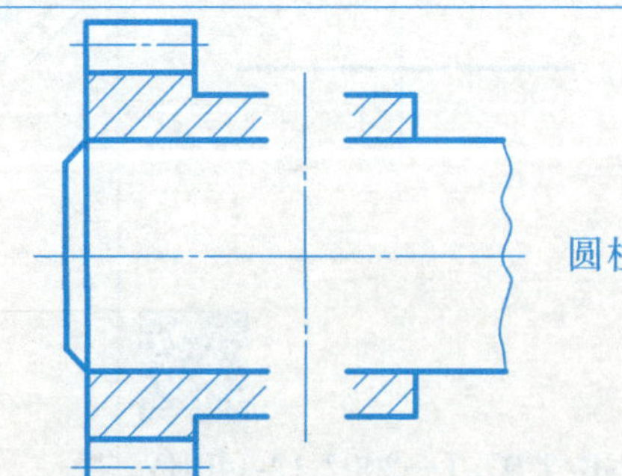

圆柱销标记：________

8-8 齿轮与齿轮啮合的画法

1. 已知一对标准直齿圆柱齿轮啮合，其中大齿轮的齿数 $z=32$，模数 $m=3$mm。大齿轮结构如图所示，请在下面画出大齿轮的零件图。(键槽尺寸查表，轮盘尺寸从图中测量并×2，再取整数)

2. 小齿轮为平板式，轮厚19mm，孔径15mm，无键槽。两齿轮中心距为72mm，请补全装配图中的两个标准直齿圆柱齿轮的啮合图。(按1：2比例作图)

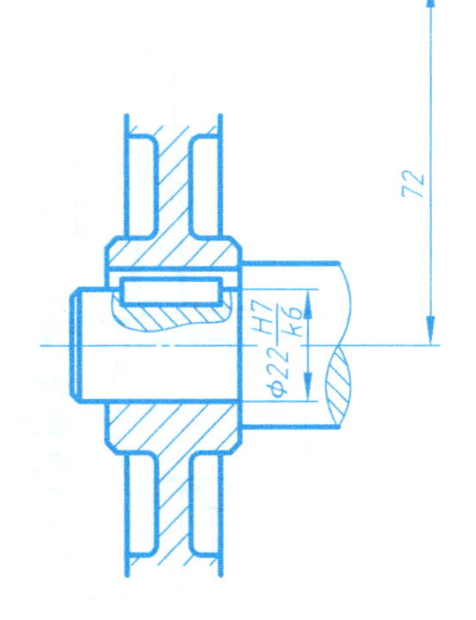

3. 回答下列问题。

(1) 大齿轮的分度圆直径 $d=$________，齿顶圆直径 $d_a=$________，齿顶高 $h_a=$________，齿根圆直径 $d_f=$________，齿根高 $h_f=$________，全齿高 $h=$________。

(2) 我国标准齿轮的压力角 $\alpha=$________，一对相互啮合的齿轮，它们的________必须相等。

9-1 根据已知的安全阀各零件图，建立各零件的三维模型，作三维装配并生成爆炸视图

1. 安全阀的工作原理。

在正常工作压力下，流体从下面的孔流入，由右侧的孔流出。当管路中的压力超过预订的压力时，流体经左上方的出口回流到管路中，从而降低了管路中的异常压力，起到保护管路的作用。

2. 安全阀的装配示意图。

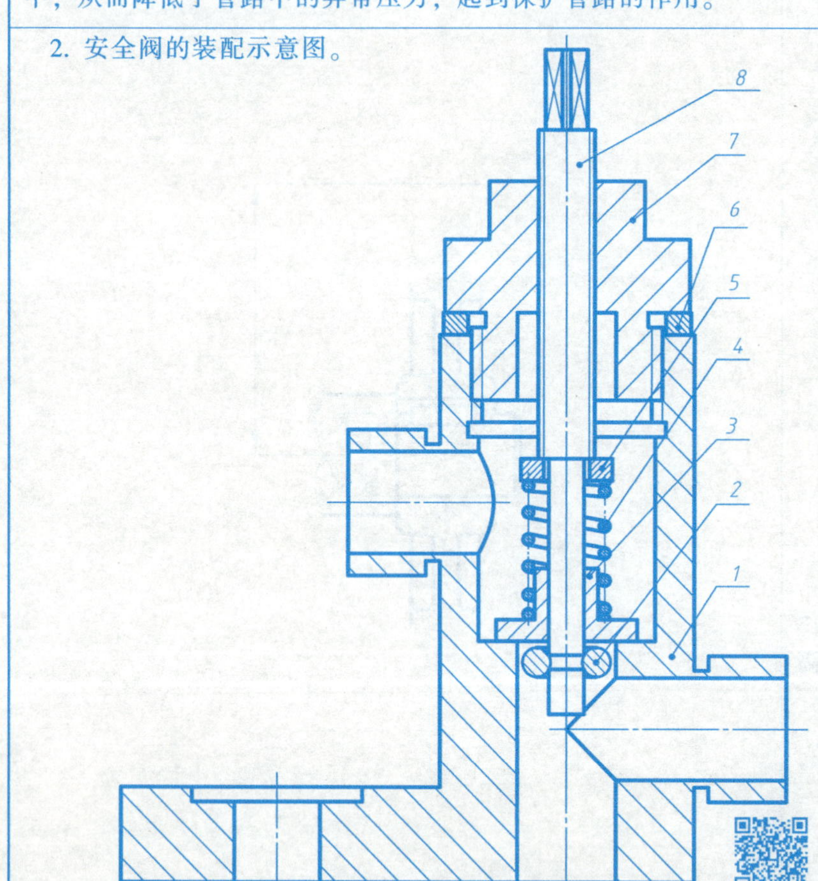

3. 安全阀的零件明细表。

序号	名称	数量	材料	图号
1	阀体	1	HT200	9-1-1
2	钢丝挡圈	1	弹簧钢丝	9-1-2
3	阀门	1	Q235-A	9-1-3
4	弹簧	1	65Mn	9-1-4
5	垫圈	1	45	9-1-5
6	垫圈	1	皮革	9-1-6
7	螺母	1	Q235-A	9-1-7
8	调节螺杆	1	Q235-A	9-1-8

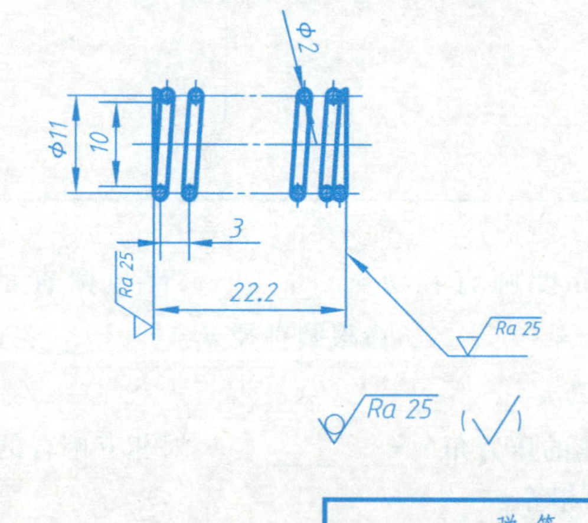

有效圈数	6
总圈数	8
旋向	右
自由高度	22.2

弹簧			比例	1:1
			数量	1
制图		XXXX大学	材料	65Mn
审核			9-1-4	

9-1　根据已知的安全阀各零件图，建立各零件的三维模型，作三维装配并生成爆炸视图（续）

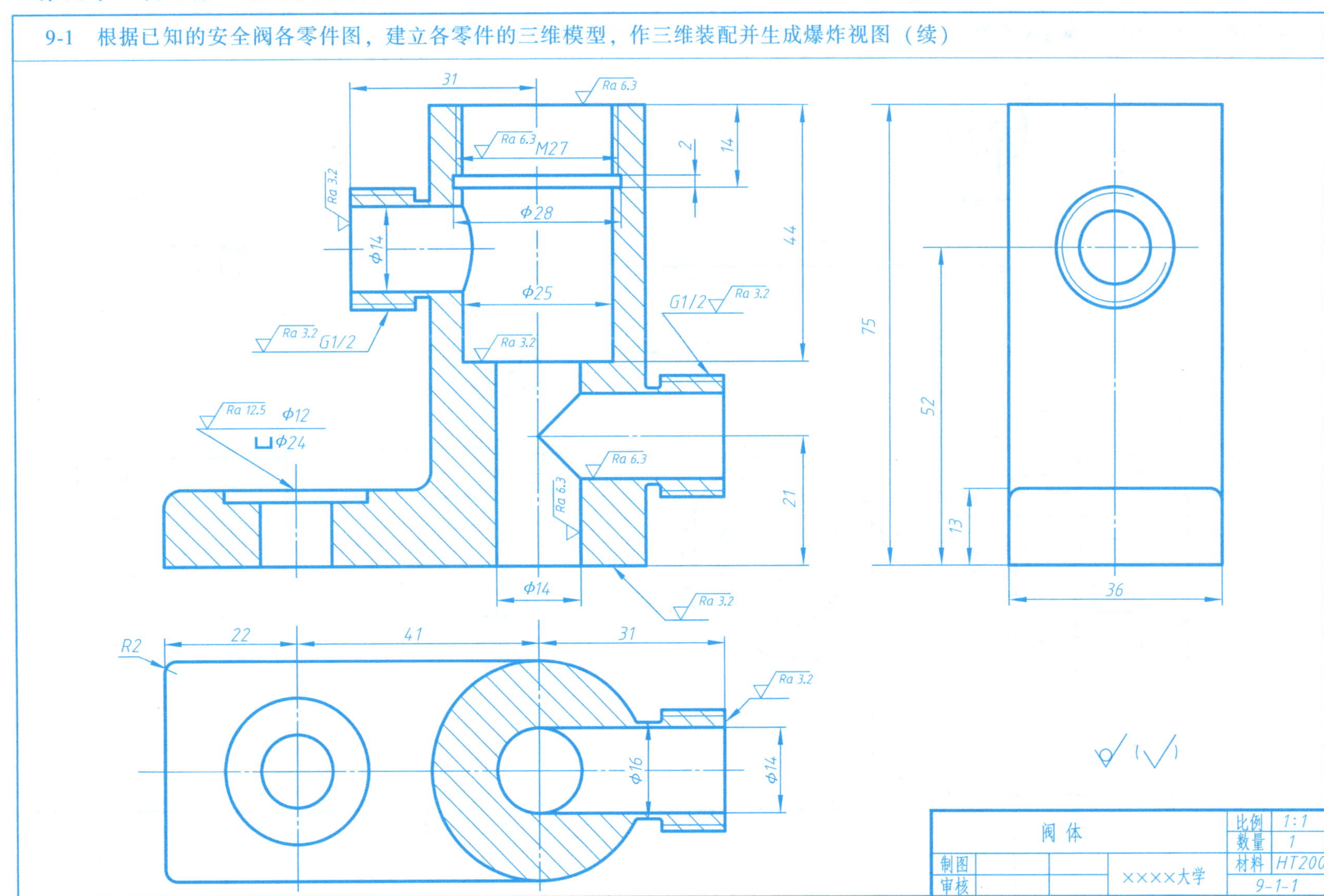

9-1　根据已知的安全阀各零件图，建立各零件的三维模型，作三维装配并生成爆炸视图（续）

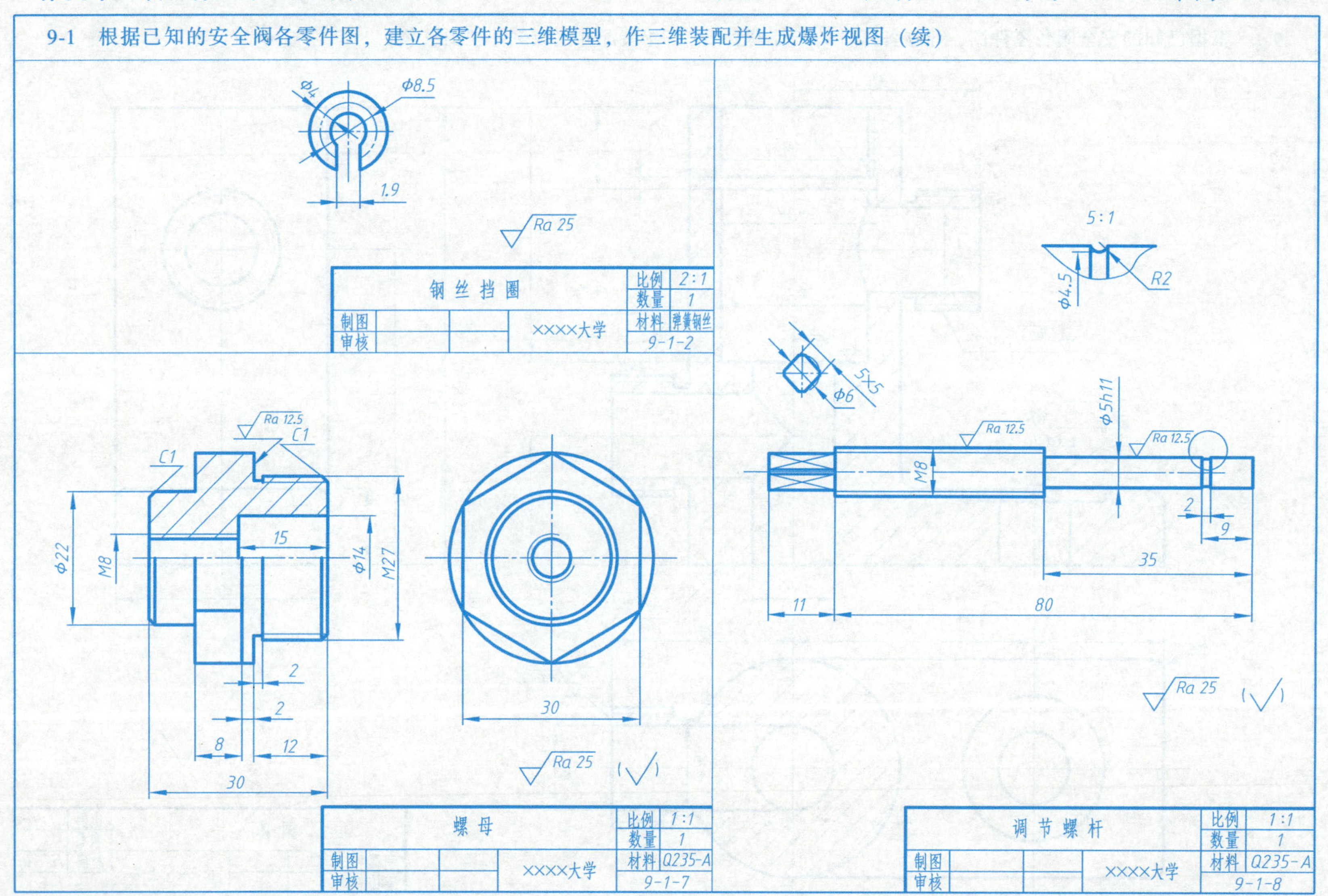

9-1　根据已知的安全阀各零件图，建立各零件的三维模型，作三维装配并生成爆炸视图（续）

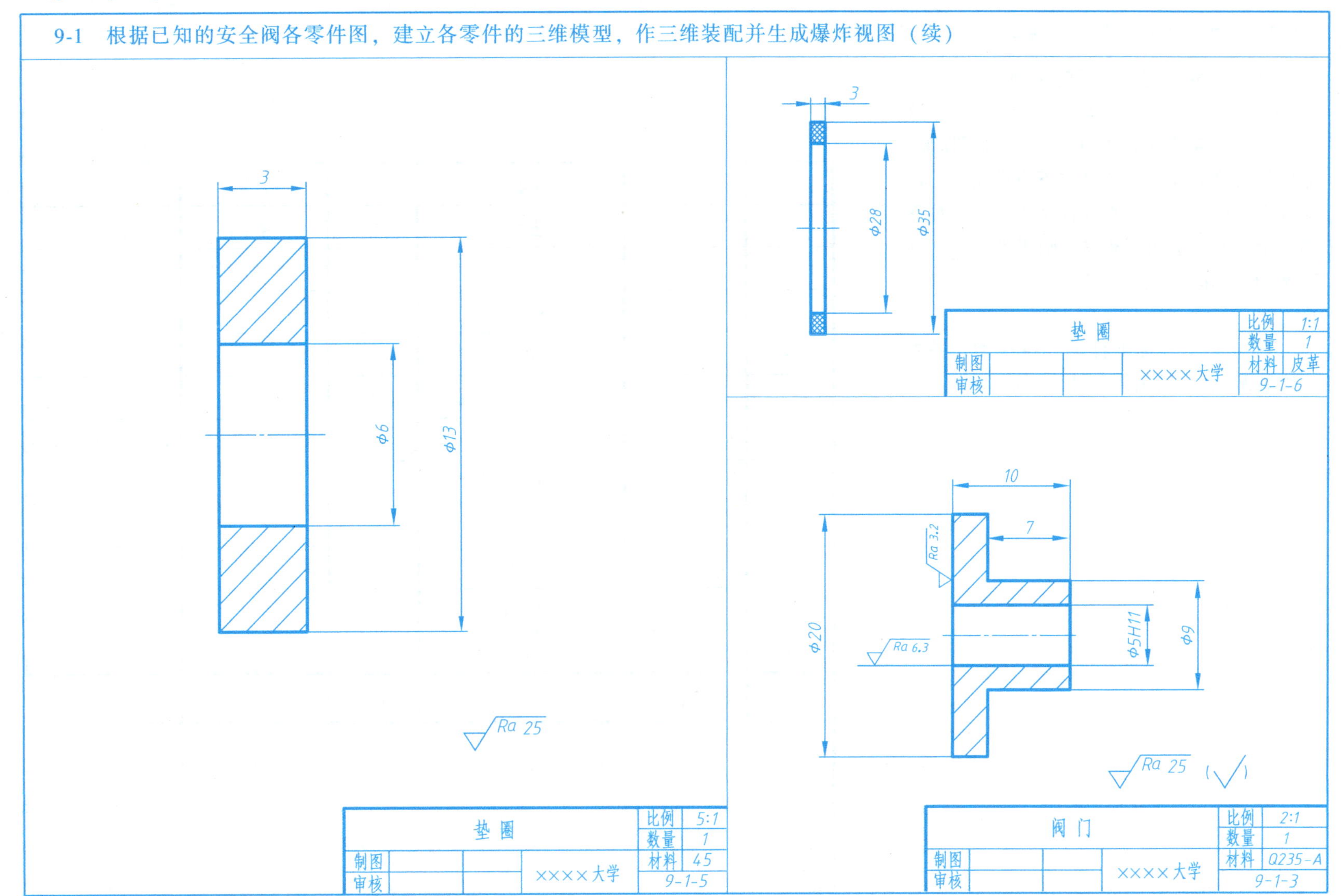

9-2　读截止阀装配图，拆画零件图并作三维装配

1. 读截止阀装配图，回答下面问题。

截止阀的工作原理是：向下按零件______，则零件9将零件______向下压紧，流体从右侧的孔进入，经左下方孔排出。向前推进零件______，则零件9被固定，如图中所示。向后退出零件3，则零件______在弹簧10的作用下向上移动，流体经______排出。

2. 建立每个非标准件的三维模型，并做三维装配。（未给出的尺寸自行确定）

12		端盖	1	Q235	
11		垫片	1	工业用纸	
10		弹簧0.8×6×40	1	50	
9		阀杆	1	45	
8		小轴	1	45	
7		螺钉M10×24	4	Q235	GB/T 65—2016
6		垫圈10	4	Q235	GB/T 97.1—2002
5		密封圈	1	毛毡	
4		大手柄	1	35	
3		小手柄	1	35	
2		上端盖	1	Q235	
1		阀体	1	45	
序号	图号	名称	数量	材料	备注

截止阀				比例	1:1
				共2张	第1张
制图			××××大学		
审核					

9-2　读截止阀装配图，拆画零件图并作三维装配（续）

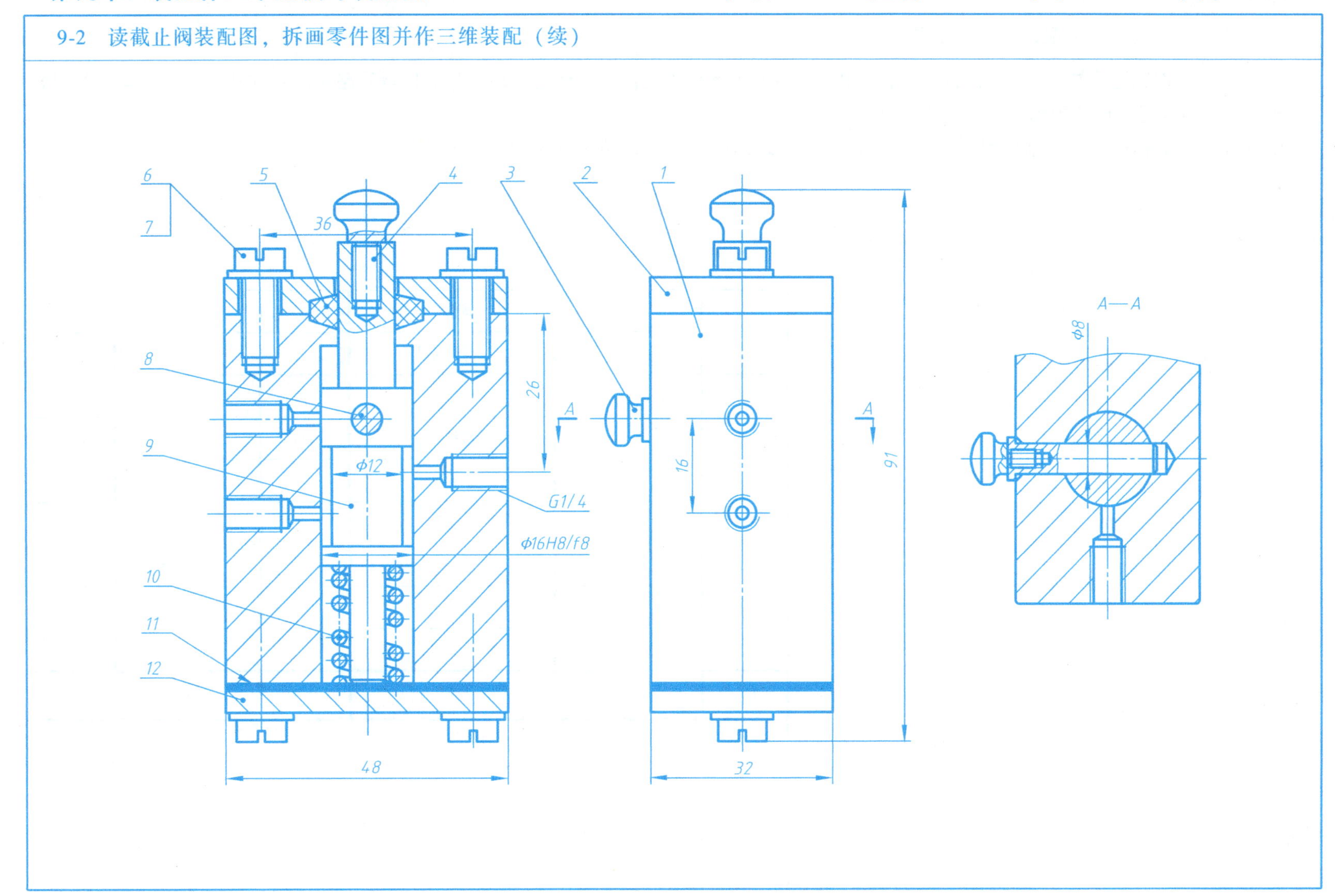

9-3　创建球阀的三维装配并生成爆炸视图

1. 球阀的工作原理是转动手柄 1，带动阀杆 6 转动，阀杆 6 又使得阀门 8 也随之转动，从而使得管路关闭；向相反方向转动，阀门 8 打开，则管路畅通。读装配图，并拆画零件 9。

2. 建立每个非标准件的三维模型，完成三维装配并生成爆炸视图。(未给出的尺寸自行确定)

序号	图号	名称	数量	材料	备注
9		阀体	1	HT200	
8		球形阀门	1	Q235	
7		密封圈	2	橡胶	
6		阀杆	1	Q235	
5		密封圈	1	橡胶	
4		密封圈	1	橡胶	
3		压套	1	06Cr17Ni12Mo2Ti	
2		螺母	1	Q235	
1		手柄	1	45	

球阀			比例	1:1
			共 2 张	第 1 张
制图			××××大学	
审核				

9-3　创建球阀的三维装配并生成爆炸视图（续）

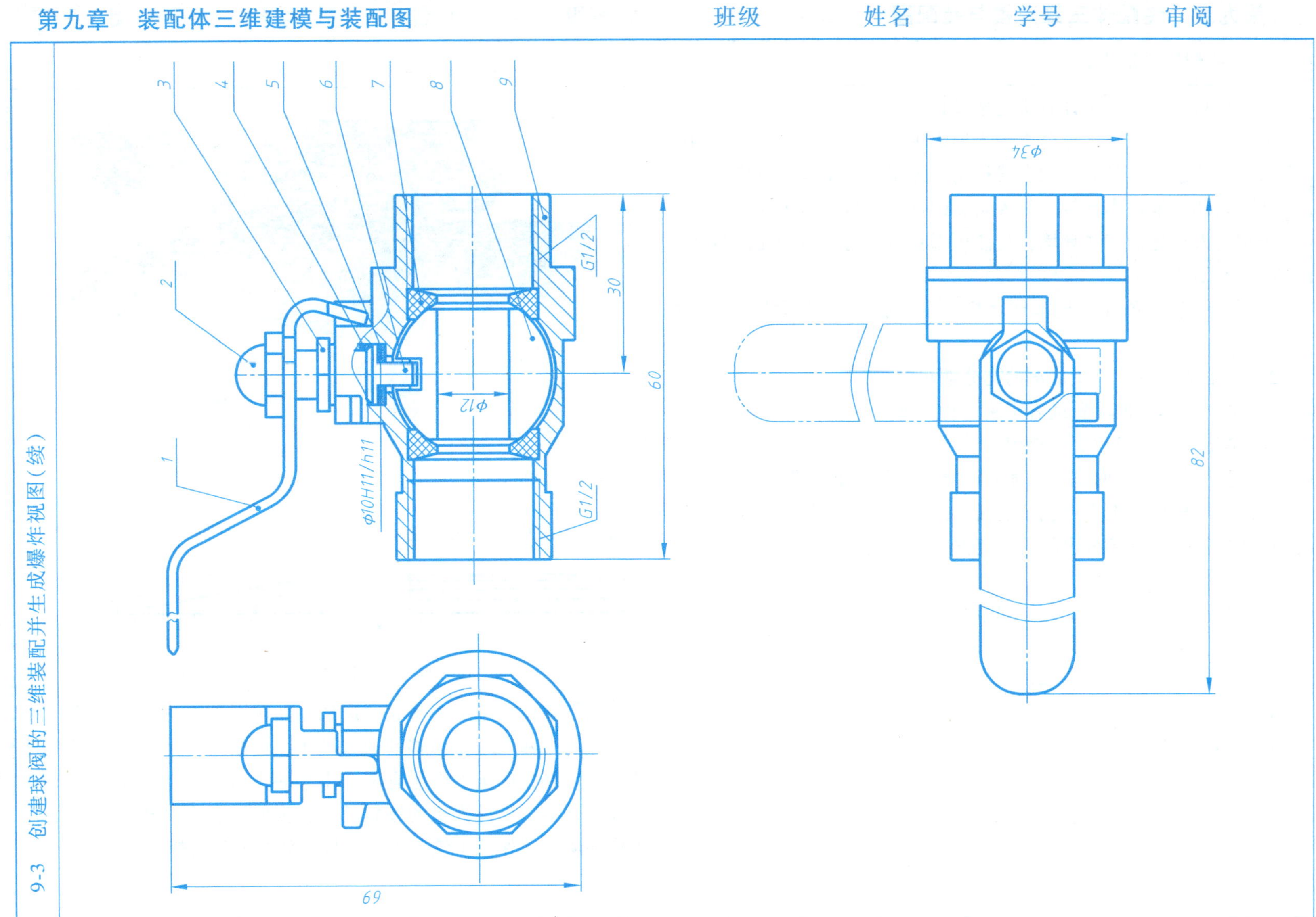

9-4　装配体构形设计

设计题目——笔记本计算机托架设计。

笔记本计算机在移动办公上为人们提供了不少便利，不过用的时间长了，总感觉不如硕大的台式机用得舒服。笔记本计算机托架是一种可以调节笔记本计算机放置角度的设备，目的是为使用者提供一个相对人性化的工作环境，让使用者获得更为舒适的使用角度。

（1）设计要求：

1）能承载 17 英寸笔记本计算机机身，底板参考形状及尺寸如图 1 所示。

2）保证笔记本计算机底部的充分散热。

3）能对操作者的小臂或者手腕进行支撑。

4）笔记本计算机放置应稳固。

5）造型美观，同时满足功能和视觉美感的双重要求。

本产品结构设计至少应包括底板、挡板、支架几部分，还应考虑通风散热问题，各部分之间的连接方式及连接件等。

（2）设计任务：

1）设计底板的角度调整及固定结构、绘制设计草图、确定各部分尺寸。

2）绘制支架、底板及其各配件的三维模型。

3）生成托架的三维装配。

4）编写设计说明书。

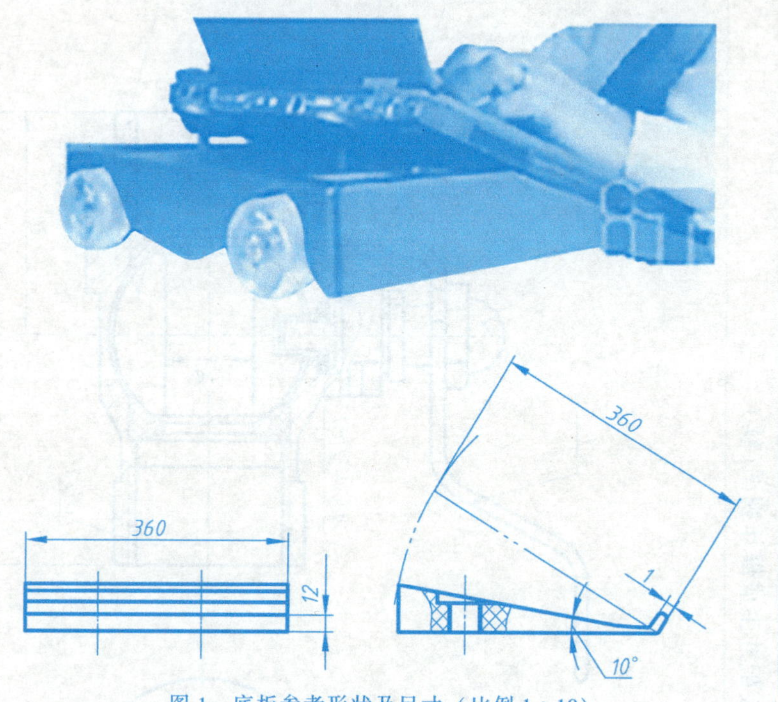

图 1　底板参考形状及尺寸（比例 1 : 10）

该托架整体构架呈 L 形，底座的拐角可以紧贴在桌子边缘；底座后边还有两个可横向移动的大轮子，可根据使用者的位置随便移动；另外，底座上面还有两个小小的类似托盘状的支架，不但可以调整笔记本计算机的倾斜角度，为使用者提供相对人性化的工作环境，还保证了笔记本计算机底部的充分散热。

9-4 装配体构形设计（续）

设计题目——笔记本计算机托架设计。

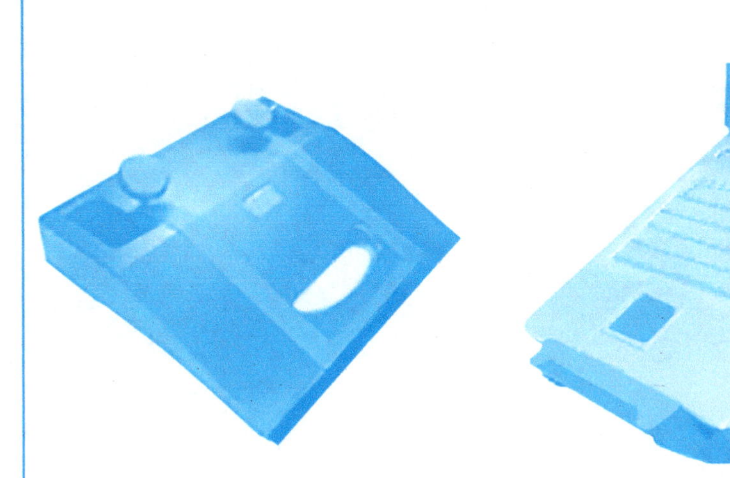

图 2 设计案例 1

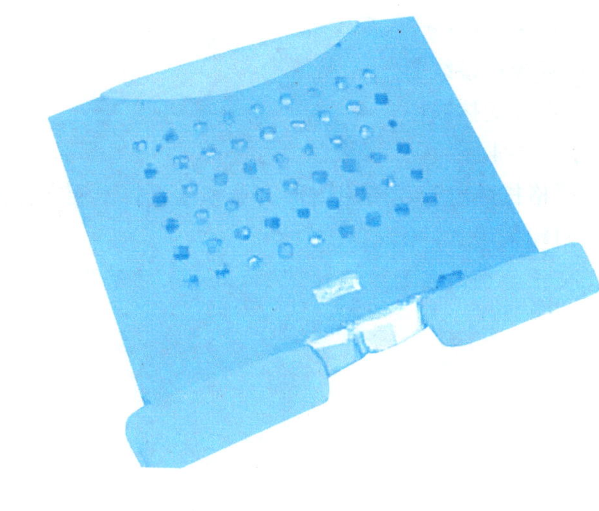

图 3 设计案例 2

（3）设计参考图：如图 2、图 3 所示。

提示：托架下面可以有滚动装置（如滚轮、万向球），底板本身可以是角度可调的，调整好的位置可以保持住，因此还需要有将调整后位置固定的装置。底座前、后有固定笔记本计算机位置的挡板。

10-1 接线图绘制

1. 请根据国家标准，在 SOLIDWORKS 工程图环境下，绘制配套教材中第十章第二节介绍的三种接线图。

（1）直接式接线图

（2）基线式接线图

（3）走线式接线图

2. 绘制要求。

1）严格按照电气简图用图形符号和电气技术用文件的编制等国家标准绘制。

2）图幅采用 A4 格式。

3）文件分别命名为“直接式 . slddrw”、“基线式 . slddrw” 和 “走线式 . slddrw”。

参考文献

[1] 窦忠强，曹彤，陈锦昌，等. 工业产品设计与表达［M］. 3版. 北京：高等教育出版社，2016.
[2] 大连理工大学工程画教研室. 机械制图［M］. 7版. 北京：高等教育出版社，2013.
[3] 焦永和，林宏. 画法几何及工程制图（修订版）［M］. 北京：北京理工大学出版社，2011.
[4] 刘朝儒，吴志军，高政一，等. 机械制图［M］. 5版. 北京：高等教育出版社，2006.
[5] 李丽，张彦娥. 现代工程制图基础［M］. 3版. 北京：中国农业出版社，2014.
[6] 王槐德. 机械制图新旧标准代换教程［M］. 3版. 北京：中国标准出版社，2018.
[7] 万静，陈平. 机械工程制图基础［M］. 3版. 北京：机械工业出版社，2018.
[8] 吴红丹，张彦娥. 机械制图与计算机绘图习题集［M］. 3版. 北京：中国农业出版社，2016.
[9] 西安交通大学工程画教研室. 画法几何及工程制图［M］. 5版. 北京：高等教育出版社，2017.
[10] 张彦娥，潘白桦. 机械制图与计算机绘图［M］. 3版. 北京：中国农业出版社，2016.
[11] 吴红丹，李丽. 现代工程图学基础（3D版）［M］. 北京：中国电力出版社，2008.
[12] 潘白桦，张彦娥. 现代工程图学基础习题集（3D版）［M］. 北京：中国电力出版社，2008.
[13] 天工在线. SOLIDWORKS2018中文版从入门到精通［M］. 北京：中国水利水电出版社，2018.
[14] 赵罘，杨晓晋，赵楠，等. SolidWorks2018中文版机械设计从入门到精通［M］. 北京：人民邮电出版社，2018.